Prabhakar Kollapudi

Uma análise econométrica do impacto da tecnologia nas culturas comerciais

Prabhakar Kollapudi

Uma análise econométrica do impacto da tecnologia nas culturas comerciais

ScienciaScripts

Imprint

Any brand names and product names mentioned in this book are subject to trademark, brand or patent protection and are trademarks or registered trademarks of their respective holders. The use of brand names, product names, common names, trade names, product descriptions etc. even without a particular marking in this work is in no way to be construed to mean that such names may be regarded as unrestricted in respect of trademark and brand protection legislation and could thus be used by anyone.

Cover image: www.ingimage.com

This book is a translation from the original published under ISBN 978-3-659-82285-8.

Publisher:
Sciencia Scripts
is a trademark of
Dodo Books Indian Ocean Ltd. and OmniScriptum S.R.L publishing group

120 High Road, East Finchley, London, N2 9ED, United Kingdom
Str. Armeneasca 28/1, office 1, Chisinau MD-2012, Republic of Moldova, Europe
Printed at: see last page
ISBN: 978-620-8-14162-2

ÍNDICE

CAPÍTULO 1: Agricultura e tecnologia na Índia

1.1 Natureza e significado da agricultura:

Enquanto o agricultor continuar a assumir o papel de indústria de base, de uma forma ou de outra, em todos os países. A agricultura, enquanto indústria primária, desempenha um papel significativo no processo de desenvolvimento económico de um país. Mas a contribuição do sector agrícola para a economia global varia de país para país, dependendo do nível de desenvolvimento económico. Nas fases iniciais do desenvolvimento económico, a agricultura é normalmente o principal contribuinte para o rendimento nacional e proporciona emprego à maioria das pessoas. Em fases posteriores de um nível bastante elevado de progresso económico, a importância da agricultura diminui gradualmente. No entanto, a agricultura, com a sua importância fundamental, tem o seu próprio contributo a dar no processo interminável de desenvolvimento económico. O desenvolvimento económico pode ser definido como a transformação de uma economia predominantemente agrícola e tradicional numa grande economia industrial e moderna. No primeiro caso, os sectores agrícola e não agrícola permanecem separados, apresentando um dualismo económico, enquanto no segundo são integrados. No desenvolvimento económico global, o papel e as funções do sector agrícola têm ocupado um lugar de destaque nas teorias do desenvolvimento, praticamente desde a Segunda Guerra Mundial.

Os registos históricos mostram claramente que nenhum país passou da fase de estagnação crónica para a fase de arranque do desenvolvimento económico sem primeiro conseguir um aumento substancial da produção agrícola. Nas fases iniciais do desenvolvimento económico da fase avançada moderna, uma taxa elevada de produção agrícola desempenhou um papel crucial na promoção do crescimento económico global. Por exemplo, no Reino Unido, a agricultura forneceu efetivamente alimentos baratos e suficientes nas primeiras décadas da Revolução Industrial e permitiu o autofinanciamento de uma agricultura mais eficiente. Os períodos de arranque da França, da Bélgica, da Alemanha e da Suécia assentaram igualmente numa base sólida de aumento da produtividade agrícola. O desenvolvimento económico da Rússia, da China e do Japão revela o papel fundamental desempenhado pela agricultura nas fases iniciais. A China comunista também reconheceu a importância de alcançar um excedente agrícola no processo de desenvolvimento económico. Também na Índia, durante a era do planeamento, alguns dos governos estatais atribuíram grande prioridade à agricultura. No que respeita à Índia, Coale e Hoover[1] consideram que "um progresso muito substancial na parte mais atrasada da economia (a agricultura) era uma condição prévia para o êxito do desenvolvimento da economia indiana no seu conjunto". Ao sublinhar o papel da agricultura no desenvolvimento da economia indiana, observa-se que "se um sector limita o crescimento do outro, é mais provável que seja o crescimento agrícola a limitar o sector não agrícola do que vice-versa".

A importância da agricultura no desenvolvimento económico de qualquer país é confirmada pelo facto de ser o sector primário da economia que fornece os ingredientes básicos necessários para a existência da humanidade e também fornece a maioria das matérias-primas que, quando transformadas em produtos acabados, servem como necessidades básicas da raça humana. Para além do fornecimento de alimentos, a agricultura deve fornecer muitas das matérias-primas para a indústria. No entanto, a agricultura não é apenas um fornecedor de bens para as necessidades internas e de exportação, mas também um fornecedor de factores de produção como o capital e o trabalho. A agricultura é chamada a poupar e a financiar uma parte significativa do investimento de uma expansão das instalações industriais, dos transportes e de outros sectores. A maior parte das indústrias na Índia são indústrias de base agrícola.

Assim, podemos dizer que, na ausência de um sector agrícola desenvolvido, a base para

---

[1] Coale Anstey J. e Hoover Edgar M. "Population growth and Economic Development in low income countries", New Jersey, Princeton University press 1958 p-120.

a "descolagem" para uma economia natural seria fraca e a economia indiana, caracterizada por um desemprego disfarçado generalizado e por uma elevada taxa de crescimento demográfico, deverá permanecer numa situação lamentável.

Papel e funções da agricultura:

O desenvolvimento da agricultura é importante por muitas razões. Em primeiro lugar, a agricultura fornece alimentos e nutrição adequados a uma população em rápido crescimento. Nas fases iniciais do crescimento económico, estima-se que a elasticidade do rendimento da procura de alimentos nos países subdesenvolvidos seja igual ou superior a 0,6, o que representa o dobro ou o triplo da Europa, dos Estados Unidos e do Japão. Num país subdesenvolvido como a Índia, com baixos padrões nutricionais, é muito provável que qualquer aumento do rendimento aumente a procura de alimentos e de géneros alimentícios mais diversificados. Além disso, os países menos desenvolvidos estão a sofrer uma exploração demográfica. A fim de fornecer alimentos e nutrição adequados à população em crescimento, a taxa de produção agrícola deve ser superior à taxa de crescimento da população, que nestes países varia entre 2,0 e 3,0 por cento por ano. Se a oferta de alimentos não se expandir ao ritmo do crescimento da procura, o resultado será provavelmente um aumento substancial do preço dos alimentos e a consequente situação inflacionista, tanto nos sectores rurais como urbanos.

O sector agrícola tem de fornecer as matérias-primas para as indústrias transformadoras em crescimento. As matérias-primas agrícolas entram em muitas indústrias. Até há pouco tempo, cerca de um terço da produção industrial da Índia dependia do fornecimento de produtos agrícolas, como o algodão em bruto, a juta, as sementes oleaginosas e o arroz. Nas economias subdesenvolvidas, o sector agrícola, com mão de obra excedentária, pode fornecer mão de obra à indústria transformadora em crescimento. O sector agrícola, com oferta ilimitada de mão de obra, tem de libertar a força de trabalho para a industrialização. Nas fases iniciais do desenvolvimento económico, a mão de obra para o sector transformador pode ser facilmente retirada da agricultura.

O sector agrícola cria a procura de mais e novos bens industriais. Com o desenvolvimento da agricultura, o rendimento per capita melhora. Assim, os agricultores estarão em condições de comprar mais factores de produção agrícola modernos e bens de consumo ao sector industrial. Os factores de produção melhorados que aumentam a eficiência produtiva na agricultura, conduzindo a um movimento de excedentes comercializáveis, podem ser trocados por bens e serviços no sector industrial.

A agricultura também contribui para a formação de capital, que é essencial para o crescimento económico. A contribuição da agricultura para a formação de capital pode efetuar-se de três formas: em primeiro lugar, o aumento da produtividade agrícola conduz a uma redução dos preços dos produtos alimentares, o que, por sua vez, aumenta o rendimento real e promove a poupança. Em segundo lugar, o aumento da produção agrícola pode gerar níveis mais elevados de rendimento agrícola e uma parte desse rendimento pode ser poupada. Estas poupanças podem ser utilizadas para novos investimentos com vista ao desenvolvimento económico global. Em terceiro lugar, a tributação do sector agrícola pode gerar capital. Na China, na Rússia e no Japão, as receitas fiscais agrícolas contribuíram significativamente para o seu crescimento económico. O sistema de tributação agrícola pode assumir diversas formas, tais como impostos fundiários, imposto sobre o rendimento agrícola, direitos de exportação e imposto de irrigação.

Se a produção agrícola for suficientemente grande para produzir um excedente exportável, obterá as divisas necessárias para a importação de equipamento essencial, de conhecimentos técnicos e de matérias-primas industriais. Como observa Simon Kuznets[2] , "a agricultura era uma fonte importante de exportações e o consequente domínio dos recursos dos

---

[2] Kuznets Simon, "Economic growth and structure - selected essays", Londres, Heinemann Educational Book ltd., 1966, p.249.

países mais desenvolvidos desempenhou um papel estratégico na facilitação do crescimento económico moderno".

Por exemplo, a industrialização pós-Meiji do Japão foi crucialmente apoiada pela rápida expansão das exportações agrícolas.

O sector agrícola contribui para o desenvolvimento industrial através de:

a) Fornecer alimentos aos trabalhadores industriais em crescimento,

b) Fornecimento de matérias-primas para o desenvolvimento industrial, tanto em grande como em pequena escala,

c) Fornecer mão de obra às indústrias,

d) Criação de procura de produtos industriais,

e) Contribuir para a formação de capital necessária ao desenvolvimento industrial.

Por conseguinte, a agricultura e a indústria não são alternativas antagónicas, mas sim complementares. A agricultura e a indústria competem pelos recursos nacionais. No entanto, é consensual que "uma revolução agrária que preceda e acompanhe a revolução industrial é uma estratégia sólida que pode conduzir um país ao caminho dourado do desenvolvimento económico.

1.2 Importância da agricultura na economia indiana:

A importância da agricultura na Índia pode ser avaliada principalmente pela sua contribuição para o rendimento nacional e o emprego. A agricultura continua a ser uma importante fonte de rendimento e de emprego para a grande maioria (cerca de 65%) da população indiana. As estimativas oficiais do rendimento nacional e das suas componentes estão disponíveis numa base regular na Índia desde 1948-49. V.K.R.V Rao estimou que a proporção da agricultura na produção total foi de 57% durante 1925-29 e 53% em 1931-32. Para 1948-49, as estimativas oficiais que situavam a parte da agricultura no produto interno líquido apontavam para cerca de 56% e, durante os dez anos seguintes, manteve-se em cerca de

50%. Depois disso, a percentagem de participação da agricultura foi de cerca de 45% em 1970-71. 40,2 por cento em 1980-81. 31,7 por cento em 1991-92 e 27 por cento em 1999.

De acordo com os relatórios do recenseamento decenal, a proporção de trabalhadores agrícolas e de cultivo em relação à mão de obra principal era de 72% em 1951, 71,8% em 1961, 69,8% em 1971, 66,5% em 1981 e 65,0% em 1991.

É evidente que a dependência dos trabalhadores da agricultura, embora tenha diminuído ligeiramente, continua a ser significativamente mais elevada.

O sector agrícola na Índia fornece alimentos à população em rápido crescimento e matérias-primas à indústria transformadora. O sector agrícola, com mão de obra excedentária, está em condições de fornecer a mão de obra necessária ao sector industrial nas zonas urbanas. O sector agrícola cria procura de produtos industriais. Com o advento da revolução verde, verificou-se um aumento considerável dos rendimentos agrícolas nas zonas com instalações de irrigação relativamente melhores.

Os agricultores de regiões como Punjab, Haryana e Andhra Costeira, etc., podem contribuir para as necessidades de capital para o crescimento económico global da Índia. Através da tributação da agricultura, alguns governos estatais conseguem obter montantes consideráveis. A contribuição do sector agrícola para os recursos em divisas é significativa. A contribuição de 21% do sector agrícola para o total das exportações será mais elevada se forem tidas em conta as exportações dos fabricantes de produtos agrícolas. Em 1991-92, a contribuição dos produtos agrícolas para as exportações foi de 8228 milhões de rúpias, tendo aumentado para 25040 milhões de rúpias em 1996-97.

Existe uma estreita interdependência entre a agricultura e a indústria. Em 1994-65, do total da produção agrícola, cerca de 12,5 por cento foi destinado à agricultura, enquanto quase 23 por cento foi utilizado pelas indústrias, tendo o restante sido diretamente destinado ao consumo final. O valor dos factores de produção agrícola (2085 milhões de rúpias) representou cerca de 20,6% do valor total da produção industrial (10 106 milhões de rúpias) nesse ano. Após as vantagens da nova tecnologia agrícola, a agricultura depende em grande medida da indústria para obter factores de produção modernos como fertilizantes químicos, pesticidas, conjuntos de bombas, tractores, motocultivadores, etc. Por exemplo, entre 1990-91 e 1993-94, o consumo de fertilizantes foi de cerca de 12 milhões de toneladas. Em 1996-97, esse consumo aumentou para 14,3 milhões de toneladas. A utilização de conjuntos de bombas, tanto eléctricas como a diesel, aumentou de cerca de um milhão em 1965-66 para 60 milhões em 1996.

Mesmo com uma queda desastrosa da produção de cereais, o país registou o maior nível de reservas de segurança dos últimos tempos. O ano foi marcado pelo paradoxo "montanhas de cereais e milhões de famintos". O nível de produção no ano anterior (1999-2000) foi de 208,87 milhões de toneladas, o mais elevado de sempre. Em 2000-2001, registaram-se condições meteorológicas adversas. A precipitação global durante a monção registou um desvio de 8%.

O desenvolvimento da agricultura no país deve ser acelerado para satisfazer a procura de cereais alimentares. "Não há lugar para queixas", afirmam os peritos, que recomendaram a elaboração de uma política inovadora e favorável aos agricultores. No que respeita ao fornecimento de factores de produção, a distribuição de sementes de qualidade certificada atingiu um novo máximo de um milhão de toneladas durante o ano 2000-2001.

As clínicas agrícolas, os centros agro-empresariais e os parques alimentares urbanos que ligam os produtores rurais aos consumidores urbanos podem dar um contributo importante para aumentar e estabilizar as colheitas, desde que alarguemos o espaço para o autoemprego remunerado. Para isso, é necessário um novo acordo para os jovens que trabalham por conta própria. Os pontos fortes da nossa agricultura incluem vastos recursos humanos, quase 100 milhões de pessoas, para além da diversidade de solos e condições de cultivo. A utilização ineficaz dos factores de produção, em especial da água, dos nutrientes e dos pesticidas, está a aumentar o custo do cultivo sem que haja um dividendo correspondente em termos de rendimento.

Chegou o momento de avaliarmos a nossa variabilidade no comércio mundial num ambiente económico em mutação. O desenvolvimento de factores de produção de alto rendimento, eficientes, resistentes e biotecnológicos, bem como de raças de melhor qualidade, pode compensar o custo de produção para ser relevante a nível mundial. A agricultura mista de culturas, agro-silvicultura e animais vivos tem sido uma estratégia eficaz dos agricultores indianos. Este conceito, baseado na utilização múltipla de factores de produção e nos princípios da reciclagem, está a ser alargado, incorporando peixes, aves de capoeira, suínos, patos, bichos-da-seda, cogumelos, vermiculturas, etc. Precisamos de mercados, empregos e investimentos. Cerca de 65 a 70 por cento da nossa população depende da agricultura para a sua subsistência. Para atingir a taxa desejável de 7 por cento de crescimento da economia, a agricultura deve registar um crescimento não inferior a 4 por cento. Atualmente, o crescimento é de cerca de 2% e está a diminuir. Esta situação tem de ser invertida.

Para atingir o duplo objetivo de "reduzir a pressão sobre as terras com maiores oportunidades de emprego e melhorar a eficiência da produção agrícola", os nossos esforços políticos devem ser orientados para o desenvolvimento das competências da população rural através da educação e da formação e para o alargamento do âmbito do emprego não agrícola, atraindo o fluxo de capitais para o sector rural. Para alcançar um progresso rápido, a nossa estratégia deve centrar-se na conservação dos recursos naturais, reforçando a sua utilização eficiente, aumentando a produtividade e a rendibilidade e melhorando a qualidade e a competitividade através da redução dos custos unitários de produção. Podemos utilizar a biotecnologia de forma eficaz na produção de sementes, selecionando plantas de eleição, especialmente para exportação.

1.3 Crescimento e desempenho da agricultura no período pós-independência.

O crescimento da agricultura indiana no período pós-independência pode ser distribuído em quatro fases distintas: fase anterior à revolução verde, primeira fase da revolução verde, segunda fase da revolução verde e fase de liberalização. A década de 1980 é tratada como a segunda fase da revolução verde e a década de 1990 como o período de liberalização. A primeira fase da revolução verde manteve a taxa de crescimento da produção alcançada na taxa de crescimento da área. Por outras palavras, este período conseguiu manter a taxa de crescimento do período anterior à revolução verde, graças a uma melhoria significativa do rendimento das culturas. Isto pode ser visto pelo facto de a taxa de crescimento da produção agregada ter melhorado, ainda que marginalmente, de 2,8% para 3,0%, apesar de um declínio na taxa de crescimento da área cultivada bruta de 1,2% para 0,6%. Do mesmo modo, a taxa de crescimento da produção de cereais alimentares acelerou ligeiramente de 2,5 para 2,8%, apesar de uma desaceleração da taxa de crescimento da área cultivada de cereais alimentares de 1,0 para 0,4% (Rao e Desphande 1986)[3] . Este é o lado positivo da revolução verde. Do lado negativo, na primeira fase, acentuaram-se os desequilíbrios inter-regionais e entre culturas, devido à restrição das sementes HYV apenas ao arroz e ao trigo nos primeiros anos e à adoção destas variedades apenas nas regiões mais bem dotadas (Ra0 1994)[4] .

A segunda fase da revolução verde (1980) parece ser o melhor período para a agricultura indiana, com uma aceleração significativa do crescimento da produção e uma redução das desigualdades regionais, devido à introdução de HYV noutras culturas, à propagação da revolução verde à região oriental e à ênfase dada aos programas de proteção da água nas zonas secas.

Por exemplo, a taxa de crescimento da produção agregada acelerou de 2,5 por cento na primeira fase para 2,9 por cento na segunda fase, do mesmo modo que as taxas de crescimento

---

[3] Rao V. M e Deshpande (1986): "Agricultural Production: Pace and Pattern of Growth" in M L Dantwala (ed), Indian Agricultural Development Since Independence: A collection of essay, Oxford and IBH, New Delhi.

[4] Rao C.H.H (1994): Agricultural growth, rural poverty and Environmental Degradation in India, studies in Economic Development and Planning No.59. Oxford University press, Delhi.

das leguminosas aceleraram de 0,3 e 2,3 por cento e a taxa de crescimento das sementes oleaginosas acelerou de 2,3 para 2,9 por cento. No início da década de 1990, registou-se igualmente uma continuação das tendências observadas na década de 1980.

O índice de produção de todas as culturas aumentou 3,4% ao ano na década de 1980, bem como no início da década de 1990. O produto interno líquido da agricultura registou um crescimento de 3,2% (Swant 1997)[5]. No entanto, quando se considera todo o período da década de 1990, há indícios claros de desaceleração do crescimento agrícola. A taxa de crescimento do PIB da agricultura diminuiu de 4,2% na década de 1980 para 3,7% por ano na década de 1991. A taxa de crescimento da produção agrícola desacelerou acentuadamente de 3,4% para 2,2%.

Desde a independência, registaram-se progressos consideráveis no domínio do desenvolvimento agrícola do país em termos de aumento da produção e da produtividade das culturas, de evolução tecnológica e de diversificação das culturas. No entanto, nos primeiros anos (até meados dos anos sessenta), o crescimento da agricultura registou períodos de altos e baixos, tendo abrandado nos anos seguintes, retomado o seu ímpeto nos anos oitenta e desacelerado consideravelmente nos anos noventa. Além disso, lança dúvidas sobre as perspectivas de crescimento futuro da economia, que depende em grande medida do desempenho do crescimento da agricultura.

A produção de cereais alimentares registou um crescimento impressionante, tendo quadruplicado de 50,8 milhões de toneladas em 1950-51 para 198,2 milhões de toneladas em 1996-97. A disponibilidade per capita de cereais alimentares aumentou de 395 gramas por dia em 1951 para 507 gramas por dia em 1995. Mais impressionante foi o crescimento da produção de cereais não alimentares e de todas as culturas, que aumentou 2,64%, 3,15% e 2,84% por ano, respetivamente, entre 1951-52 e 1995-96.

---

[5] Sawant S.D (1997): "Regional variations in Agricultural performance. Indian Journal of Agricultural Economics, Vol: 52, No.3 julho-setembro

O padrão de cultivo também sofreu alterações significativas que podem ser apreciadas a partir da divergência nas taxas de crescimento da área e da produção de cereais alimentares e não alimentares. Esta mudança foi particularmente notória a partir de meados dos anos oitenta (quadro 1.1)

Quadro 1.1
Taxas de crescimento anual composta do índice de área, produção e rendimento de cereais alimentares, cereais não alimentares e todas as culturas

Período	Grãos alimentares			Grãos não alimentares			Todas as culturas		
	Área	Saída	Rendimento	Área	Saída	Rendimento	Área	Saída	Rendimento
1951-52 Para 1964-65	1.41	2.91	1.49	2.36	3.50	1.08	1.62	3.13	1.49
1964-65 a 1980-81	0.50	2.22	1.71	0.61	1.89	1.28	0.52	2.10	1.57
1980-81 Para 1985-86	0.28	'3.97	3.70	0.92	3.43	2.50	0.42	3.77	3.35
1985-86 a 1990-91	-0.19	2.96	3.16	2.24	5.54	3.21	0.41	3.92	3.49
1990-91 a 1995-96	-0.65	1.63	2.29	2.06	3.68	1.58	0.08	2.44	2.35
1951-52 a 1995-96	0.53	2.64	2.10	1.51	3.15	1.61	0.77	2.84	2.05

Fonte: Ministério da Agricultura, Governo da Índia.
Nota: As taxas de crescimento dos rendimentos aqui apresentadas diferem das que podem ser obtidas a partir dos índices de rendimento apresentados nas publicações oficiais.

Os meados dos anos sessenta, que foram marcados pelo início da Revolução Verde (GR), foram algo como um divisor de águas no crescimento da agricultura indiana. Durante o período pré-Revolução Verde (1951-52 a 1964-65), a produção de todas as culturas registou uma taxa de crescimento média impressionante de 3,13% ao ano. Durante o período subsequente (1964-65 a 1980-81), a taxa de crescimento manteve-se moderada em 2,10%. No entanto, a expansão da área foi consideravelmente abrandada. O crescimento da produção durante este período foi notavelmente mais elevado durante os anos oitenta. Os índices de produção de cereais alimentares revelaram uma tendência de crescimento acentuado ao longo da década, com exceção de um movimento descendente em 1986-87 e 1987-88. A produção de todas as culturas registou uma taxa de crescimento de 3,77% durante a primeira metade dos anos oitenta, tendo acelerado para 3,92% durante a segunda metade da década, em comparação com 2,10% durante o período de 1964-65 a 1980-81. No entanto, durante os anos noventa (até 1995-96), a taxa de crescimento da produção agrícola abrandou consideravelmente para 2,44%, o crescimento dos cereais alimentares desacelerou e os níveis absolutos de produção de cereais alimentares permaneceram muito abaixo dos objectivos do plano. A produção de cereais alimentares não conseguiu acompanhar o ritmo de crescimento da população e, consequentemente, a disponibilidade per capita de cereais alimentares, que tinha atingido um nível de 510 gramas por dia em 1991, diminuiu para um nível médio de 482 gramas por dia durante os cinco anos seguintes (1992-96).

Tradicionalmente, considera-se que a reação da oferta agregada é fraca na agricultura, embora a capacidade de resposta possa ser elevada no que respeita a certas culturas individuais. No entanto, tal como acima observado, a resposta da oferta em termos de expansão da superfície foi sensivelmente positiva até ao final da década de oitenta. Embora exista um limite para o crescimento da superfície cultivada líquida (SCL). A superfície cultivada bruta (SCB) parece ter crescido como previsto, reflectindo um aumento na década de noventa. O crescimento do PIB e da população pode não fornecer qualquer indicação de limitação da procura. Em termos de preços, as condições gerais de comércio permaneceram favoráveis, tendo registado uma melhoria significativa durante este período.

Durante os anos noventa, o ritmo de criação de potencial de irrigação, bem como a cobertura da área irrigada, abrandaram significativamente. O ritmo de expansão da área cultivada com culturas de sequeiro e o crescimento do consumo de fertilizantes também desaceleraram, com as consequências adversas que daí advêm para o crescimento da produtividade. A irrigação, no entanto, constitui o núcleo da infraestrutura física para o desenvolvimento da agricultura, e o ritmo reduzido de desenvolvimento da irrigação está destinado a abrandar o aumento da intensidade das culturas, resultando num crescimento moderado da ACP. A influência da irrigação na superfície é relativamente maior no caso dos cereais não alimentares, e a sua influência no rendimento é relativamente grande no cultivo de cereais não alimentares (principalmente culturas comerciais). Os agricultores preferem cultivá-los em condições de água assegurada. Isto explicaria possivelmente a maior influência da irrigação na área cultivada com cereais não alimentares, reflectindo compreensivelmente a associação da irrigação com os principais determinantes do rendimento, como o HYV e o consumo de fertilizantes. É certo que a análise aqui efectuada é simplista, na medida em que não incorpora outras variáveis que supostamente influenciam a produção e a produtividade das culturas, mas, no entanto, pode dizer-se que os resultados são indicativos do papel da irrigação na formação do crescimento da agricultura.

1.4 Mudança tecnológica na agricultura:

De um modo geral, a tecnologia foi definida como "o conhecimento aplicado pelos seres humanos para melhorar a produção do processo de comercialização", por outras palavras, é o conhecimento operacional utilizado para produzir bens e serviços. O termo tecnologia deriva de "técnica" e "ologia". São bastante diferentes. A técnica é utilizada há muito tempo no artesanato, na agricultura e noutros domínios conexos. A tecnologia, por outro lado, tem uma estrutura lógica de linguagem, semelhante à da ciência, e uma transformação mais lógica da ciência que pode produzir tecnologia. A tecnologia é um exercício de imaginação humana e, em termos conceptuais, é um processo de resolução de problemas. As dimensões da tecnologia são muitas e as mais importantes são as funções, o fabrico, o combustível, a comunicação e o controlo e o algoritmo.

A tecnologia que é adequada para uma determinada indústria ou empresa num determinado momento pode tornar-se obsoleta numa outra altura em que se verificam novas invenções e inovações. A inovação, um dos principais motores da acumulação de capital, ocorre devido a várias razões que podem ser classificadas em duas grandes categorias.

a) Reduzir os custos, aumentar a produção e o lucro.

b) Fornecer substitutos para os factores que são escassos e cujo preço é elevado.

A mudança tecnológica pode ser dividida em duas partes: a mudança tecnológica incorporada e a mudança tecnológica não incorporada. A mudança incorporada é a introdução de mudanças nos factores de produção de capital físico. A mudança não incorporada não está incorporada no capital físico. Estas mudanças são de estrutura organizacional. Por exemplo, uma melhor informação que tende a aumentar a capacidade marginal do operador da empresa-formulário.

A tecnologia e o processo técnico permitiram ao homem utilizar os recursos humanos e naturais de forma rápida e eficaz, de modo a criar novos produtos, processos e sistemas de organização para uma vida confortável. O objetivo da tecnologia tem sido transformar o homem naquilo que ele deseja ser. A tecnologia é uma das forças mais importantes que alteram a estrutura de qualquer economia.

O crescimento da produtividade agrícola é essencialmente criado pelos avanços no conhecimento e pelo progresso da divisão inter-industrial do trabalho que acompanharam a industrialização. Verifica-se que, apesar das diferenças de clima, condições meteorológicas e combinação de factores de produção, as principais variações na produtividade da terra e do trabalho entre países estão associadas às diferenças no nível de factores de produção industriais utilizados na agricultura. Estes são relativamente mais importantes do que as dotações originais de terra.

Para além destes termos, como "land-augmenting", poupança de mão de obra, poupança de capital e mudanças tecnológicas neutras são conhecidos por fazerem parte das mudanças tecnológicas. No caso do aumento da terra, a mudança tecnológica é conhecida pelo facto de a oferta de terra ser inelástica. Assim, algumas técnicas podem ajudar a aumentar a disponibilidade de terras. As culturas múltiplas, o consumo de fertilizantes e pesticidas e a utilização de sementes de variedades de elevado rendimento são técnicas desse tipo. Assim, as alterações biológicas, químicas e técnicas introduzidas na agricultura são designadas por alterações tecnológicas que aumentam a disponibilidade de terras. Neste termo, os preços constantes dos factores exigem menos trabalho e mais capital após a mudança técnica. Este tipo de mudança tende a aumentar o produto marginal do capital mais do que o produto marginal do trabalho. A expressão mudança tecnológica poupadora de capital é utilizada no caso de mudança tecnológica poupadora de capital. No caso de uma mudança tecnológica neutra, o rácio capital - trabalho permanece constante após a mudança tecnológica.

A adoção de novas tecnologias pelos agricultores, entre outras coisas, tem um efeito sobre o rendimento. Quanto mais rápido e maior for o aumento do rendimento resultante da utilização de uma nova tecnologia, maior é a probabilidade de esta ser adoptada pelos agricultores. O avanço tecnológico na agricultura a que a nação assistiu no final dos anos sessenta beneficiou consideravelmente a comunidade agrícola. Contribuiu para aumentar o rendimento agrícola, o que, em última análise, afectou o padrão de consumo e de poupança das famílias de agricultores. O estudo do rendimento, da poupança e do investimento na agricultura assumiu grande importância tendo em conta a nova política do Governo, na qual se afirmava claramente que o investimento na agricultura receberia a maior prioridade no desenvolvimento económico do país e que, além disso, os agricultores seriam motivados a aumentar a eficiência da produção e a proceder a ajustamentos no seu padrão de investimento de modo a satisfazer plenamente a procura dos consumidores.

O progresso tecnológico na agricultura e as limitações impostas pela oferta pouco elástica de factores primários aumentam a produtividade agrícola mesmo em caso de escassez de factores primários. O progresso tecnológico resulta não só no progresso económico geral, mas também na melhoria do nível de vida nas áreas onde se verificaram maiores mudanças na tecnologia. Há mais tempo disponível para o lazer e o aperfeiçoamento pessoal. Mesmo quando os agricultores trabalham durante longas horas, o esforço físico é menor.

A tecnologia moderna pode influenciar a produção agrícola de três formas: em primeiro lugar, pode ajudar a aumentar a eficiência, ou seja, uma maior produção para uma determinada qualidade de um ou mais recursos ou uma produção inalterada com uma redução da utilização dos recursos. Em segundo lugar, a tecnologia agrícola pode contribuir para uma alteração das caraterísticas da produção. Por último, a tecnologia agrícola moderna pode reduzir os riscos de produção relacionados com o processo de produção, bem como com os mercados e os preços. A tecnologia moderna pode ser dividida em quatro tipos importantes: biológica, química, mecânica e de gestão. A tecnologia biológica inclui novas variedades de culturas e outras tecnologias que incorporam materiais de natureza biológica. A tecnologia química inclui fertilizantes químicos, meios químicos para o controlo de pragas ou ervas daninhas e materiais semelhantes, enquanto a tecnologia mecânica inclui equipamento de maquinaria agrícola. A tecnologia de gestão inclui os conhecimentos relacionados com a tomada de decisões e a gestão das actividades agrícolas sem envolver diretamente a utilização de novos materiais.

A tecnologia refere-se aos conhecimentos utilizados na produção para melhorar os rendimentos. Por conseguinte, a tecnologia agrícola refere-se aos conhecimentos utilizados para melhorar a produtividade agrícola. A tecnologia agrícola pode refletir-se numa determinada combinação de homens e máquinas, sementes e fertilizantes, mão de obra animal e factores de gestão. O conhecimento tecnológico adicional refere-se ao conhecimento da utilização de uma tecnologia. A utilização de novas tecnologias exige novos conhecimentos entre os utilizadores e qualquer tecnologia reformada pode permanecer inativa, pelo que, obviamente, a difusão da educação e dos serviços de extensão é essencial para que os agricultores possam acompanhar a evolução da tecnologia.

Por modernização da agricultura entende-se a aplicação da ciência e da tecnologia na agricultura, a fim de se formar com a ciência e a tecnologia agrícolas mais avançadas e de mecanizar a produção agrícola, de modo a aumentar a produtividade do trabalho agrícola e a satisfazer as necessidades das pessoas e da sociedade em termos de alimentos e outros produtos agrícolas. A agricultura engloba as práticas agronómicas, que implicam a utilização adequada dos solos, a aplicação de pesticidas e insecticidas às culturas e às matérias-primas industriais, a tecnologia e a aplicação de fertilizantes e o emprego de práticas de irrigação, sempre que adequado.

A evolução tecnológica é um dos factores mais importantes que determinam o padrão e o ritmo do crescimento agrícola. Inclui todos os meios disponíveis que melhoram a eficiência da conversão de recursos raros em produtos que satisfazem as necessidades humanas. Manifesta-se na utilização de novos factores de produção e de novos conhecimentos que, a longo prazo, conduzem a uma evolução ascendente da função de produção.

Mais frequentemente, a mudança tecnológica tem lugar quando, com a alteração da base de recursos, um fator de produção completamente novo entra em uso e altera a relação total entre entradas e saídas. As novas tecnologias agrícolas facilitaram a poupança de recursos importantes considerados individualmente (terra, trabalho e capital). As principais mudanças tecnológicas que desempenharam um papel vital na agricultura indiana podem ser agrupadas em seis grandes categorias: 1) introdução de novas plantas, 2) melhoramento vegetal, 3) utilização de fertilizantes e pesticidas, 4) irrigação, 5) utilização de energia inanimada na exploração agrícola, ou seja, tractores, motores eléctricos e motores de bombagem e, por último, 6) melhores práticas de cultivo.

As mudanças tecnológicas têm sido capazes de contribuir relativamente ao máximo para o aumento da produção agrícola até agora alcançado. Os impactos mais revolucionários dos desenvolvimentos tecnológicos na agricultura foram, de longe, a utilização de fertilizantes químicos e o impacto da ciência da reprodução. Outra técnica melhorada na agricultura é a ciência do planeamento agrícola e as práticas de conservação do solo e da água. No entanto, existe um grande fosso entre o desenvolvimento tecnológico e a sua adoção efectiva pelos agricultores. A melhoria do nível de literacia das massas pode reduzir esse fosso.

Os cultivadores com uma dimensão de exploração superior a um máximo fixado devem ser considerados para cobertura e a agência de extensão deve concentrar os seus esforços principalmente nestas áreas selecionadas para os cultivadores com mais de uma exploração de dimensão média. O programa de planeamento agrícola deve ser identificado, pois é o único meio que pode assegurar uma utilização óptima dos nutrientes e outros benefícios das mudanças tecnológicas para uma produção máxima. Esta abordagem selectiva deve ser reforçada por legislação eficaz sempre que necessário. **Mudança tecnológica na agricultura indiana:**

A partir de meados da década de sessenta, registaram-se mudanças espectaculares na produção e na produtividade dos cereais alimentares, na sequência do avanço tecnológico da agricultura indiana. A maior parte do aumento da produção agrícola total resultou do aumento da produtividade por hectare. A melhoria da produtividade agrícola pode ser atribuída ao desenvolvimento em várias direcções. A mais significativa foi a utilização de sementes HYV de diferentes culturas, nomeadamente trigo, arroz, jowar e bajra. Juntamente com a utilização de HYV, o aumento da utilização de água de irrigação, de fertilizantes e de estrume, de insecticidas, de fungicidas e de herbicidas foi também responsável pelo aumento das terras incultas cultiváveis sob a charrua. Foram introduzidas melhorias nos métodos de gestão dos solos e da água e nas práticas agrícolas, como o tratamento das sementes, a intercultura e a monda. As mudanças são muitas, pelo que discutimos a seguir alguns dos passos cruciais da nova tecnologia agrícola na Índia.

Nova estratégia agrícola:

A nova estratégia agrícola foi introduzida na Índia durante o terceiro plano quinquenal, ou seja, durante os anos sessenta. Os agricultores começaram a reagir favoravelmente às sementes HYV e aos fertilizantes adequados. A base teórica da nova estratégia agrícola pode ser encontrada na tese da Escola de Chicago: "Esta tese sustenta que os agricultores são capazes de produzir as coisas certas no local certo, na quantidade certa e com baixos custos em termos de recursos, se receberem os sinais económicos adequados". O lugar de destaque vai para a investigação agrícola conduzida pelo Conselho Indiano de Investigação Agrícola (ICAR) e pelas universidades agrícolas, como a Universidade Agrícola de Ludhiana (Punjab) e a de Pant Nagar (UP). Foi o desenvolvimento de sementes HYV que provocou a revolução.

Variedade melhorada de sementes, maior intensidade de cultivo, extensão do pacote de insumos de irrigação, preços mínimos garantidos, maquinaria agrícola moderna e papel das instituições públicas, maquinaria agrícola e implementos melhorados, programa de cultivo múltiplo e medidas de proteção das plantas são as caraterísticas importantes da nova estratégia agrícola.

Revolução Verde:

A Revolução Verde, que constitui a Nova Estratégia Agrícola (NAS), é composta por variedades de alto rendimento (HYV), fertilizantes, pesticidas e novas técnicas eficientes de gestão da água, etc. Estas são o resultado do desenvolvimento científico. Este desenvolvimento científico foi possível graças a Norman Borlaug, da Fundação Rock Feller, e a muitos outros cientistas agrícolas. A fundação Rock Feller é um Instituto Internacional de Investigação do Arroz (IRRI) estabelecido em Les Banes em 1962.

A revolução implica duas coisas: uma é uma mudança rápida em alguns fenómenos, e a mudança é tão rápida que é bem marcada. Outra é o facto de o impacto da mudança se fazer sentir durante um certo período de tempo e provocar uma mudança fundamental. Quando juntamos o prefixo "Verde" à palavra "Revolução", criamos a expressão "Revolução Verde". Assim, refere-se a uma melhoria bem conseguida da produção agrícola num curto período de tempo.

A nova tecnologia foi experimentada como projectos-piloto em cerca de sete distritos, no âmbito do Programa Agro-Distrital Intensivo (PID), em 1960-61. Por conseguinte, a Revolução Verde é o resultado direto da nova estratégia agrícola adoptada desde meados dos anos sessenta. Em sentido lato, significa uma transformação da agricultura, a redução da escassez de alimentos e da subnutrição e a eliminação do sector agrícola tradicional como um obstáculo ao progresso. Num sentido restrito, significa "aumento da produção devido ao melhoramento das plantas para resolver o problema alimentar e nada mais do que isso".

Os agricultores indianos terão de ser mais competitivos e orientados para a qualidade para se estabelecerem no mercado mundial. Com o apoio de políticas governamentais sólidas, de boas infra-estruturas, de inovações tecnológicas e de práticas limpas de gestão pós-colheita, milhões de pequenos agricultores e de agricultores marginais estarão em condições de satisfazer a procura do mercado internacional. A produção pelas massas, o espírito de cooperação e o gosto pelas normas de qualidade devem ser as marcas da agricultura indiana quando esta entrar no comércio mundial.

Information and Communication Technology (ICTs) For Modernizing Indian Agriculture:

Dizer que vivemos na era da informação é repetir um truísmo. As TIC estão a transformar as nossas vidas, a criar riqueza e a ter impacto em todos os aspectos da atividade humana. Os economistas galardoados com o Prémio Nobel de 2001 - George Akerloi, Michael Spence e Joseph Stiglitz - mostram como a informação é da maior importância para a sociedade e para o bom funcionamento das economias.

Mobilizar o conhecimento para o desenvolvimento é também abordar os problemas de informação. A operação "inundação" da Índia é uma das tentativas mais bem sucedidas que levou a Índia a ocupar o primeiro lugar na produção de leite nos últimos cinco anos. Melhora o funcionamento dos mercados do leite, garantindo a sua qualidade. As novas tecnologias da informação e da comunicação podem acelerar o crescimento rural de base alargada e, através de uma maior sensibilização, ajudar a torná-lo um pilar central da estratégia global de desenvolvimento.

A globalização das transferências de tecnologia do comércio internacional, do intercâmbio de informações e dos fluxos de capitais terá profundas implicações para os sectores agrícolas dos países em desenvolvimento. A globalização facilita a transferência de tecnologia necessária para aumentar a produtividade da agricultura indiana. O PAN identifica várias mudanças tecnológicas, tais como a biotecnologia, a teledeteção e as tecnologias ambientais. A evolução da biotecnologia moderna pode contribuir para aumentar e manter estes elevados níveis de produtividade. Os progressos registados no domínio das tecnologias da informação podem igualmente contribuir para ligar a comunidade agrícola aos novos produtos agrícolas em crescimento a nível mundial, aumentando assim a eficácia do mercado, tanto a nível local como internacional.

1.5 PAPEL DAS CULTURAS COMERCIAIS:

As culturas comerciais contribuíram de forma muito significativa para o crescimento da economia indiana. As culturas comerciais são intensivas e o emprego total gerado pelas quatro principais culturas comerciais - cana-de-açúcar, amendoim, algodão e batata - está estimado em 3 392,2 milhões de dias-homem em 1982-83. A Índia é um exportador tradicional de bagaços e farinhas de sementes oleaginosas. A juta é uma das exportações agrícolas mais importantes e foi a maior fonte de divisas no início dos anos setenta. Atualmente, a Índia não só é excedentária em algodão em bruto, como também produz uma das melhores variedades, como a Suvin. A Índia é o maior produtor mundial de cana-de-açúcar. Assim, as culturas comerciais contribuem significativamente para o sector da exportação. Em primeiro lugar, a produtividade das culturas comerciais é muito inferior à de muitos outros países. Em todo o mundo, foram obtidos rendimentos elevados de cana-de-açúcar, algodão, sementes oleaginosas, tabaco e juta quando cultivados com factores de produção adequados e sob uma gestão agrícola eficiente.

As culturas comerciais efectuadas em condições de sequeiro são culturas de alto risco. Os agricultores estão naturalmente relutantes em aumentar o seu investimento nessas culturas. A introdução de um crédito agrícola pode incentivar o investimento em sementes de qualidade e noutros factores de produção modernos. Os sistemas de fornecimento de factores de produção e de transferência de tecnologia devem poder apoiar os agricultores em situações de produção desfavoráveis.

A manutenção de bancos de reserva para sementes de culturas alternativas e de seguros de colheitas pode ajudar neste domínio.

Entre as culturas comerciais, a cana-de-açúcar e o algodão gozavam de uma posição privilegiada em termos de afetação de recursos de investigação. O desenvolvimento de variedades híbridas de algodão de elevado rendimento e a sua rápida disseminação nos principais Estados produtores de algodão contribuíram para que a cultura do algodão desse uma reviravolta nos anos setenta. Frequentemente, a importante política do governo deprimiu os preços internos. O mercado e o ambiente devem ser propícios para incentivar a produção em termos de redução da oferta e da procura e estabilizar os preços. Ao longo dos anos, verificou-se que mesmo um aumento ou uma diminuição de dez por cento na produção de sementes oleaginosas, algodão, tabaco e mesmo cana-de-açúcar alterou as tendências do mercado.

Uma combinação correta de política de preços e de importação pode ajudar a regularizar a economia das culturas comerciais. Todos os nossos esforços devem ser orientados para a transferência de tecnologias para a agricultura de sequeiro, o apoio aos factores de produção e a disponibilização de infra-estruturas. A agricultura é uma atividade específica de cada local. Os factores ecológicos, socioeconómicos, institucionais e tecnológicos influenciam a taxa de progresso da produtividade agrícola, pelo que uma abordagem baseada em bacias hidrográficas poderá ser eficaz no futuro. A introdução de regimes de seguros de grupo e de serviços personalizados para todo um grupo de agricultores pode ser útil para promover o cultivo de culturas comerciais em ambientes de produção de risco. A política de preços é um fator importante na promoção da produção, sendo a manutenção de mecanismos especiais de aquisição e a oferta de um preço de incentivo partes importantes da estratégia de incentivo às culturas comerciais.

É necessário melhorar ainda mais a parte do agricultor na rupia do consumidor para várias culturas comerciais. É importante o apoio a infra-estruturas sob a forma de armazéns e de armazenagem. A biotecnologia, enquanto instrumento para melhorar a produtividade e desenvolver novas variedades e híbridos de plantas cultivadas, está a emergir como uma disciplina importante. As políticas governamentais devem proporcionar um ambiente favorável à promoção do sector das culturas comerciais. Assim, temos de fazer progressos nas frentes tecnológica e organizacional para tornar o sector das culturas comerciais um sector eficiente. Da discussão anterior, pode concluir-se que o crescimento e a estabilidade da produção de culturas comerciais foram complementares e não competitivos nas regiões intensivamente irrigadas.

Caraterísticas de algumas culturas comerciais importantes:

A cana-de-açúcar é uma das culturas comerciais mais importantes da agricultura indiana. Assume uma posição importante na economia, contribuindo com cerca de 1,9 por cento do PIB nacional. A cultura sustenta a segunda maior agroindústria organizada. Este facto permitiu-nos ser o maior produtor de açúcar e o segundo maior produtor de cana-de-açúcar do mundo.

A Índia é o maior produtor de chá do mundo. Representa 20 por cento da área total cultivada com chá no mundo. A indústria do chá dá emprego direto a um milhão de trabalhadores, dos quais um número considerável são mulheres. Contribui para as receitas estatais e centrais (1 000 milhões de rúpias), que constituem as principais caraterísticas económicas da economia indiana. Estão a ser envidados sérios esforços para melhorar a imagem de qualidade do chá indiano, com ênfase na produção ortodoxa. As restrições quantitativas foram levantadas a partir de 1st de abril de 2001.

O algodão é outra cultura comercial importante na Índia. O algodão, uma cultura de prosperidade, com uma profunda influência no homem e na matéria, é um produto de base industrial de importância mundial. Após um pico de produção de algodão de 178,7 lakh fardos em 1996-97, a produção diminuiu para 145-196 lakh fardos nos últimos anos. No início da década de 1990, o CICR desenvolveu uma tecnologia de produção biológica com uma abordagem visionária e transmitiu-a aos agricultores. O algodão continua a ser a espinha dorsal da economia rural, com 60 milhões de pessoas a ganhar a vida através do seu cultivo e comércio.

Nos círculos industriais e comerciais, a juta e a mesta são designadas por "juta em bruto". A juta é a cultura de fibras naturais mais importante a seguir ao algodão. Desempenha um papel significativo na economia agrária e industrial de alguns dos Estados do leste da Índia, como Bengala Ocidental, Bihar, Assam e Orissa. A juta e a mesta renderam cerca de 49 milhões de euros em 2000, o que representa 10% do total das exportações de produtos de juta. De acordo com as tendências actuais, esta fibra natural biodegradável, respeitadora do ambiente, barata e renovável anualmente, apresenta caraterísticas brilhantes.

O tabaco é uma das principais culturas não alimentares do mundo. O tabaco é, de um modo geral, uma cultura alimentada pela chuva, estável e de curta duração, sendo menos propensa a pragas e doenças causadas por insectos. O tabaco é a tábua de salvação para mais de 30 milhões de pessoas. Seis milhões de agricultores dedicam-se à cultura do tabaco. Quatro milhões de pessoas trabalham na produção de Bidi e um milhão na colheita de folhas de Tendu. As exportações de tabaco representam 3,5% das exportações agrícolas da Índia. O tabaco representa 12% das receitas totais dos impostos especiais de consumo da Índia (valor de 8 182 milhões de rupias em 2001) e os cigarros contribuem com 88% das receitas dos impostos especiais de consumo.

A "batata" é uma cultura de curta duração, que produz mais matéria seca, com uma duração de colheita acentuada e uma grande flexibilidade na altura da plantação e da colheita. O consumo per capita é mais baixo em muitas partes do mundo e, reconhecendo a sua qualidade nutricional superior, revelar-se-ia útil para combater a fome e a subnutrição. A Índia tem de acompanhar o ritmo das novas tendências emergentes para ser competitiva a nível mundial. Os desafios enfrentados pela Índia são peculiares ao país, uma vez que a batata é cultivada aqui em diversas condições agro-clínicas, tal como nos países desenvolvidos.

O nosso estudo "Mudanças tecnológicas na produção de culturas comerciais" - uma análise regional baseia-se principalmente em duas culturas comerciais importantes, nomeadamente a cana-de-açúcar e o amendoim. Segue-se uma breve análise destas duas culturas.

CANA-DE-AÇÚCAR:

A Índia é o maior produtor mundial de cana-de-açúcar. A transformação da cana-de-açúcar, incluindo a produção de açúcar para moagem, khandsari e gur, é uma indústria importante. No nosso país, a agricultura não é um negócio agrícola, mas um modo de vida, e a cana-de-açúcar é uma cultura agroindustrial e um importante componente integral da agricultura.

Assume uma posição importante na economia, contribuindo com cerca de 1,9 por cento do PIB nacional. A cana-de-açúcar é cultivada em mais de 4 milhões de hectares, distribuindo-se por uma vasta gama de situações agro-ecológicas, tanto em regiões tropicais como subtropicais. A cultura sustenta-se como a segunda maior agroindústria organizada. A produtividade da cana-de-açúcar na Índia situa-se entre as toneladas por hectare em Bihar e as 105 toneladas por hectare em Tamilnadu. A produtividade média da cana-de-açúcar no país é de cerca de 72 toneladas por hectare e obtém-se 415 milhões de toneladas de cana-de-açúcar a partir de uma área cultivada de cerca de 4,2 milhões de hectares. A produtividade da cana-de-açúcar tem de ser aumentada para 100 toneladas por hectare até 2020 d.C.

As principais invenções tecnológicas são o fator de produção mais crítico para aumentar a produção de cana-de-açúcar durante os tempos vindouros, o desenvolvimento de variedades com resistência a insectos, pragas e doenças, juntamente com um elevado nível de fornecimento de cana-de-açúcar numa base sustentável. A seleção de uma variedade adequada e a gestão correta da cultura são necessárias para uma melhor remuneração através de sistemas de culturas intercalares. O Instituto Indiano de Investigação da Cana-de-Açúcar de Lucknow desenvolveu uma tecnologia adequada.

NOZ-DA-TERRA:

O amendoim, conhecido como peanuts em alguns países, é a fonte mais importante de óleo vegetal na Índia, em termos de produção, consumo e exportação. Além de serem utilizados como fonte de óleo, os amendoins são consumidos diretamente como frutos secos selecionados ou açucarados na Índia. O óleo de amendoim é utilizado diretamente para fins culinários ou convertido em margarina ou óleo hidrogenado, popularmente conhecido como vanaspati. O óleo de amendoim é também uma excelente matéria-prima para o fabrico de sabões e cosméticos e, até certo ponto, para o fabrico de produtos para tratamento de couro, mobiliário, cremes, lubrificantes compostos, etc. O amendoim e o óleo de amendoim constituem os produtos agrícolas de base mais importantes do ponto de vista da exportação.

Os principais Estados produtores de amendoim são Gujarat, Andhra Pradesh, Tamilnadu e Maharashtra, que representam cerca de 70% da área, pelo que a produção total do país é influenciada pelas tendências da produção nestes Estados. Um solo arenoso e friável numa área bem drenada é altamente adequado para o amendoim. Mas o solo não é um fator limitativo e a cultura pode ser cultivada praticamente em todos os tipos de solo, sendo que o único que não é adequado é a argila pesada. O amendoim é principalmente uma cultura alimentada pela chuva, o cultivo de amendoim é mais adequado para áreas com uma precipitação de 25 polegadas a 50 polegadas e uma temperatura média de 70 a 80 Fareign calor.

O amendoim é uma cultura Khrif e é semeado após o início da monção. As variedades precoces são colhidas em setembro e outubro e as tardias em novembro e dezembro. O trabalho de melhoramento do amendoim em diferentes Estados foi orientado principalmente para o desenvolvimento de variedades com elevado rendimento, teor de óleo e percentagem de casca. Como resultado, variedades melhoradas de amendoim de curta duração (135-150 dias) estão disponíveis para cultivo na maioria dos Estados. No que se refere à política de preços do amendoim no período pós-independência, pode afirmar-se que, até à data, não foram tomadas medidas diretas para manter os preços do amendoim e do óleo de amendoim dentro de limites razoáveis. Recentemente, a exportação de amendoim e de óleo de amendoim passou a ser privilegiada em detrimento da importação de certas variedades baratas de óleos alimentares - óleo de soja, óleo de algodão, óleo de girassol, etc. - para complementar o abastecimento interno. Para aumentar a produção de amendoim, estão a ser adoptadas várias medidas, incluindo a abordagem do programa de pacotes, que implica uma atenção simultânea à utilização de sementes melhoradas, fertilizantes e proteção das plantas, etc., para as sementes oleaginosas.

CAPÍTULO 2: Perfil agro-económico de Andhra Pradesh

2.1 Introdução:

Andhra Pradesh é a região de Deccan no sul da Índia, localizada entre os rios Narmada, Tungabhadra e Krishna. É rodeado pela Baía de Bengala a leste, Tamilnadu a sul, Karnataka e Maharastra a oeste, Maharastra, Madhya Pradesh, Chatisgher e Orissa a norte. Situa-se entre 12°.14 e 19°.51 de longitude norte e 18.51' e 84.54' de longitude leste.

O Estado de Andhra Pradesh foi formado em 1st de novembro de 1956 pela fusão da região de Telangana do antigo Estado de Hydarabad com o Estado de Andhra, constituído pelas regiões de Rayalaseema e Andhra costeira. A sua área é de 2.76.754 quilómetros quadrados (1.06000 milhas quadradas), o que representa 8,4 por cento da área total da Índia. É o quinto maior estado da Índia em termos de área.

Regiões: O Estado foi formado por três regiões, a saber

I. Andhra costeira - com uma costa de 600 milhas ao longo de nove distritos de Srikakulam, Vijayanagaram, Vishakapatnam, East Godavari, West Godavari, Krishna, Guntur, Prakasam e Nellore.

II. Rayalaseema- com quatro distritos de Chittor, Cuddaph, Kurnool e Anantapur

III. Telangana - constituída por dez distritos: Ranga Reddy, Hyderabad, Nizamabad, Medak, Mahabubnagar, Khamam, Warangal, Adilabad, Nalgonda e Karimnagar, num total de 23 distritos.

Todas as três regiões contêm um rico potencial de recursos humanos, agrícolas, florestais, pesqueiros e minerais, recursos hídricos do mar, rios, canais, tanques e vales montanhosos, que permaneceram totalmente explorados nos últimos 55 anos.

Andhra Pradesh é o segundo maior estado fluvial da Índia, a seguir a Gujarat, com 75 por cento do seu território coberto pelas bacias de três grandes rios, como o Godavari (1549 kms de comprimento), o Krishna (1440 kms de comprimento) e o Pennar (568 kms de comprimento). É por isso que Andhra Pradesh é conhecido como o "Estado fluvial da Índia". Além disso, o estado tem vários afluentes como o Pranahita, o Indravathi, o Sabri, o Manjira, o Tungabhadra, o Musi, o Papagni, etc. ....

Andhra Pradesh ocupa o sexto lugar na riqueza mineral da Índia. Possui vastos recursos minerais utilizados, como amianto, bário, argilas, calcite, carvão, cobre, grafite, ferro, pedra calcária e mica bruta. O Estado é o único com minas de carvão no Sul da Índia, com Singareni Collieries de 70 lakh toneladas de depósitos de quartzo em Rangareddy, Hydarabad, Mahaboobnagar e Guntur. Mais de dois milhões de toneladas de minérios de cobre e de chumbo estão disponíveis no Estado, principalmente em Guntur. O Andhra Pradesh possui muitos minérios de ferro de boa qualidade em Khammam, Krishna, Kurnool e Nellore. O Andhra Pradesh dispõe de calcário de primeira qualidade para utilização na produção de aço, cimento e indústrias do papel e do açúcar. [th]O ouro parece ter sido extraído até ao início do século XX em Anantapur. O Estado possui valiosos depósitos de granito nos distritos de Hydarabad, Warangal, Khammam, Karimnagar e Prakasam. A bacia de Krishna e Godavari em Andhra Pradesh é identificada como uma das sete regiões ricas que contêm recursos de petróleo e gás.

2.2 Análises económicas de Andhra Pradesh:

Andhra Pradesh é ricamente dotado de vantagens naturais e competitivas, com uma área geográfica de 274,40 lakh hectares. Andhra Pradesh é o quinto maior Estado do país. A área líquida semeada é da ordem dos 110 lakh hectares, constituindo cerca de 40% da área geográfica. O Estado tem cerca de 63 lakh hectares de área florestal, o que representa cerca de 23% da área geográfica. O Estado tem a segunda maior linha costeira, com 974 km. A água de superfície total de todo o sistema fluvial do Estado está estimada em 2746 TMC.

Andhra Pradesh é o quinto Estado mais popular, com uma população de 77,7 milhões de habitantes, segundo o recenseamento de 2001. Cerca de 73% da população do Estado vive em zonas rurais, de acordo com a estimativa comparável do Produto Interno Bruto do Estado, preparada pelo C.S.O. (1997-1998). O Estado de Andhra Pradesh é a quinta maior economia do país, depois de Maharasthra, Uttar Pradesh, Tamilnadu e Bengala Ocidental. As estimativas antecipadas do produto interno bruto do Estado (PIBS) a preços constantes (1993-94) para o ano 2000-2001 ascendem a 78393,81 milhões de rúpias para o ano 1999-2000, o que revela uma taxa de crescimento de 5,15%. Devido às graves condições sazonais adversas registadas durante a monção do Nordeste, o valor acrescentado bruto da agricultura não registou um aumento significativo em relação ao ano anterior. Verifica-se uma desaceleração significativa no sector industrial. O sector dos serviços continua a registar um crescimento impressionante. O sector dos serviços continua a registar um crescimento impressionante. O rendimento per capita a preços constantes (1993-94) para o ano 2000-2001 está estimado em 9697 rupias. As receitas provenientes dos impostos próprios do Estado em 2000-2001 ascendem a 7381,82 milhões de rúpias, contra 10 756,37 milhões de rúpias previstas, o que representa cerca de 68,6%. O imposto sobre as vendas é a principal fonte de receitas do Estado.

O índice do preço por grosso dos produtos agrícolas durante 2000-2001 no Estado registou um aumento de 0,1 por cento em comparação com o período correspondente do ano anterior. O índice de preços no consumidor para os trabalhadores da indústria (CPIIW), que está a ser compilado para 12 centros no Estado, registou um aumento de 6,0 por cento em 2000-2001. O índice de preços no consumidor para os trabalhadores urbanos não manuais (CPIUNME), que está a ser compilado pelo C.S.O., revelou um aumento de 6,7% durante 2000-2001, em comparação com o período correspondente do ano passado. O índice de preços no consumidor para os trabalhadores agrícolas (CPIAL), que está a ser compilado pelos serviços de emprego, tendo como ano de referência 1986-87, registou um aumento de 3,9% em 2000-2001.

Verifica-se uma desaceleração significativa no sector industrial. O índice médio da produção industrial no Estado, com base em 1993-94, registou uma taxa de crescimento de 1,7% em 2000-2001, em comparação com o período correspondente do ano anterior. A indústria transformadora registou uma taxa de crescimento de 2,1%, enquanto as indústrias extractivas apresentaram taxas de crescimento negativas de 0,3% e 0,2%, respetivamente. De acordo com a classificação baseada na utilização, o crescimento durante 2000-2001, em comparação com o ano passado, é de 26,7% nos bens de equipamento, 10,7% nos bens intermédios e -1,4% nos bens de base.

Quadro 2.1
Taxas de crescimento do PIB - Andhra Pradesh e toda a Índia

Período	Crescimento do PIB (percentagem)		PIB per capita Percentagem de crescimento	
	Andhra Pradesh	Toda a Índia	Andhra Pradesh	Toda a Índia
1980-81 a 1990-91	5.50	5.37	3.33	3.24
1993-94 a 2000-01	5.31	6.13	4.04	4.38

Fonte: Com base nos dados da Direção de Economia e Estatística, Hyd. **Nota:** Os dados de 2000-01 referem-se a estimativas rápidas.

O quadro 2.1 acima apresenta a taxa de crescimento do PIB de Andhra Pradesh em dois períodos: 1980-81 a 1990-91 (década de 1980) e 1993-94 a 20002001 (década de 1990). A taxa de crescimento do Andhra Pradesh na década de 1980 foi de 5,5% por ano. Em comparação com a década de 1980, o GSDP de Andhra Pradesh registou uma taxa mais ou menos semelhante na década de 1990, de cerca de 15,31% por ano.

Em 1980, o PIB per capita em Andhra Pradesh era de 3,33% ao ano na década de 1990. Aumentou significativamente para 4,04%. O aumento do crescimento per capita na década de 1990 deveu-se a um menor crescimento demográfico. Os programas de assistência social das duas últimas décadas e o empoderamento das mulheres poderão ter contribuído para um menor crescimento demográfico na década de 1990.

O Inquérito Económico de Andhra Pradesh para o ano 2001-2002 estimou as taxas de crescimento anual do GSDP de Andhra Pradesh com 1993-94 como base. A taxa média de crescimento anual para o período de 1994-95 a 1999-2000 é de 5,50%. A média nacional para o período 2000-2001 é de 6%. A taxa média de crescimento anual do Andhra Pradesh no período de 1994-95 a 1999-2000 foi de 4,1%, contra uma média nacional de 4,5%.

Quadro 2.2

Taxas de crescimento do PIB em três sectores principais

Período	Agricultura	Indústria	Serviço
Andhra Pradesh			
1980-81 a 90-91	2.21	7.36	7.69
1993-94 a 00-01	2.47	6.20	6.71
Toda a Índia			
1980-81 a 90-91	3.12	6.60	6.48
1993-94 a 00-01	2.73	6.25	8.13

Fonte: Direção de Economia e Estatística de Andhra Pradesh.

O quadro 2.2 acima apresenta as taxas de crescimento para três sectores do Andhra Pradesh e de toda a Índia. No caso de Andhra Pradesh, a taxa de crescimento do sector da agricultura e dos sectores conexos aumentou 0,26% durante o primeiro período. No entanto, no caso da indústria e dos serviços, a taxa de crescimento em Andhra Pradesh diminuiu 1% durante o mesmo período. Na década de 1990, a taxa de crescimento do sector agrícola e afins em Andhra Pradesh foi inferior em 0,26% à de toda a Índia. A taxa de crescimento do sector industrial do Andhra Pradesh na década de 1990 foi semelhante à da Índia. No entanto, no caso dos serviços, a taxa de crescimento de Andhra Pradesh foi inferior em 1,42%. Assim, a principal razão para o menor crescimento do PIB em Andhra Pradesh em comparação com toda a Índia na década de 1990 parece ser o menor desempenho do sector dos serviços em Andhra Pradesh.

2.3 Agricultura e actividades conexas em Andhra Pradesh:

Andhra Pradesh é um importante estado agrícola do país. O Estado representa 8,34% da área geográfica do país e 7,37% da população do país. O Andhra Pradesh representa 7,42%

da área semeada líquida do país e 7,42% da produção nacional de cereais. Uma proporção mais elevada da mão de obra depende da agricultura no Estado (62,3%) do que a nível de toda a Índia (56,2%). Do mesmo modo, a parte da agricultura no produto interno bruto do Estado (28,6%) é mais elevada do que o valor correspondente a nível da Índia (24,0%). De facto, o Estado era conhecido como o celeiro do Sul da Índia até há pouco tempo. O crescimento sustentável no sector agrícola é a "necessidade do momento" não só para o Estado de Andhra Pradesh, mas também para o país no seu conjunto. A economia do Estado continua a ser predominantemente agrária. A percentagem da mão de obra rural do Estado empregada na agricultura (apenas trabalhadores principais) atingiu 81% em 1991. Cerca de 58,72% dos trabalhadores agrícolas são operários.

Clima e pluviosidade:

A agricultura em Andhra Pradesh depende essencialmente da precipitação. O êxito da produção agrícola depende sobretudo da distribuição sazonal correta da precipitação. O Estado recebe a maior parte da sua precipitação da monção do sudoeste. A monção do sudoeste (junho a setembro) para o ano de 2003 começou em 15th junho de 2003 e cobriu todo o Estado em 19th junho de 2003. Devido ao início tardio da monção e ao facto de não se ter espalhado muito, a precipitação recebida durante o mês de junho de 2003 é assustadora. Durante o período da monção do sudoeste, o Estado recebeu uma precipitação média de 598 mm, contra uma precipitação normal de 624 mm, registando um pequeno défice de 4%. Durante este período, a precipitação recebida foi deficitária nos distritos de Anantapur e Karimnagar, tendo sido excessiva nos distritos de Nellore e Chittoor e normal nos restantes distritos.

distritos do Estado.

Quadro 2.3
Precipitação média sazonal e regional de 1996 a 2001.

(Precipitação em mm)

Monção do sudoeste				Monção do Nordeste			
Andhra costeira	Rayala seema	Telangana	Andhra Pradesh	Andhra costeira	Rayala seema	Telangana	Andhra Pradesh
651	463	671	627	354	144	321	303
766	650	740	734	405	379	129	281
602	368	506	520	302	245	169	233
787	526	813	753	435	286	185	300
523	294	641	535	224	159	45	135
742	508	875	759	123	186	24	91

Fonte: Direção de Economia e Estatística de Andhra Pradesh

No quadro 2.3 acima, no ano 2000-2201, durante a monção do sudoeste, a região costeira de Andhra recebeu 742 mm contra o normal de 603 mm, e durante a monção do nordeste 123 mm contra o normal de 318 mm. Na região de Rayalaseema, durante a monção de sudoeste, registaram-se mais 508 mm do que os 378 mm de precipitação normal. Durante a monção do Nordeste, a precipitação efectiva é baixa, ou seja, 186 mm contra a precipitação normal de 224 mm. Na região de Telangana, durante a monção do sudoeste, registou-se uma precipitação efectiva de 875 mm, superior à precipitação normal de 764 mm. Durante a monção do Nordeste, a precipitação efectiva de 24 mm está muito longe da precipitação normal de 98 mm. Durante a monção do sudoeste, o Estado recebeu uma precipitação média de 759 mm contra a normal de 624 mm, o que indica um excesso de 22%. Durante o período da monção do Nordeste (outubro-dezembro), o Estado no seu conjunto recebeu uma precipitação média de 91 mm contra uma normal de 224 mm, o que indica um défice de 59%. Isto significa que o Estado recebeu a maior parte da sua precipitação de

Monção do sudoeste.

UTILIZAÇÃO DOS SOLOS:

Quadro 2.4
Padrão de utilização da terra.

(Em lakh hectares)

Artigo	1996-97	1997-98	1998-99	1999-00
Total Área geográfica	274.40	274.40	274.40	274.40
Floresta	62.45	61.99	61.99	61.99
Resíduos estéreis e não cultivados	20.83	21.09	21.09	21.06
Terras afectadas a utilizações não agrícolas	24.72	24.96	24.96	25.12
Resíduos cultiváveis	7.22	7.55	7.74	7.82
Pastagens permanentes e outros terrenos de pastagem	7.63	6.93	6.86	6.82
Terras com culturas arbóreas Culturas arbóreas não incluídas na superfície líquida semeada	2.47	2.46	2.41	2.42
Outros pousios	15.47	16.20	15.28	14.52
Pousios actuais	24.43	33.92	23.33	27.61
Superfície líquida semeada	109.18	99.33	110.74	107.05

Fonte: Direção de Economia e Estatística de Andhra Pradesh

O quadro 2.4 mostra que, no final de 1999-2000, a área geográfica total do Estado era de 274,40 lakh hectares. A área líquida semeada no Estado é de 107,75 lakh hectares em 1998-99, tendo registado um declínio de 2,9%. A área atualmente em pousio é de 27,61 lakh hectares, o que corresponde a cerca de 9% da área geográfica. Uma proporção tão elevada de pousio atual deve-se à baixa pluviosidade e às terras marginais. Cerca de 23% da área geográfica é

nas florestas.

Área e produção de culturas alimentares e não alimentares:

Superfície e produção de culturas alimentares e não alimentares de Andhra O quadro 2.5 apresenta o estado do Pradesh de 1996 a 2000.

Quadro 2.5
Área e produção das principais culturas alimentares e não alimentares
(Área em lakh hectares e produção em lakh toneladas)

Cultura	1996-1997		1997-1998		1998-1999		1999-2000	
	Área	Saída	Área	Saída	Área	Saída	Área	Saída
Arroz	41.1	106.9	35.0	85.1	43.2	118.8	40.14	106.38
Jowar	8.5	6.3	7.9	5.2	7.5	5.2	7.36	5.35
Bajra	1.3	1.2	1.0	0.7	1.3	1.2	1.17	0.98
Ragi	1.2	1.5	1.0	0.9	1.0	1.2	0.96	1.11
Milho	3.6	11.9	4.0	10.8	4.0	13.8	4.58	14.72
Cereais	56.7	128.3	49.6	103.1	57.8	140.8	54.93	128.96
Leguminosas e painço	16.4	8.5	15.7	5.2	15.9	8.3	16.47	8.01
Grãos	73.1	136.8	65.3	108.2	73.7	149.1	71.40	136.97
Algodão*	10.2	18.8	9.1	13.2	12.8	15.2	10.46	15.79
Cana-de-açúcar	2.0	150.3	1.9	139.6	2.1	165.0	2.31	185.88
Amendoim	22.0	20.5	18.3	11.6	19.9	21.6	17.95	10.89
Sementes oleaginosas	29.8	23.9	25.8	14.1	27.3	24.5	25.51	13.61

Fonte: Direção de Economia e Estatística, Governo de Andhra Pradesh Hyd
*Fardos de 170 kg cada.

A área cultivada com arroz aumentou significativamente entre 1996 e 2000, exceto em 1997 e 1998, ano em que atingiu 35,0 lakh hectares. A área de cereais e painço está a aumentar significativamente, 56,7, 49,6, 57,8 e 54,93 lakh hectares nos respectivos anos. A produção de painço e de cereais segue a mesma tendência, ou seja, 128,3, 103,1, 140,8 e 128,96 lakh toneladas, respetivamente, nos anos seguintes.

A área de culturas alimentares no ano de 1996-97 é de 73,1 lakh hectares, e de 65,2, 73,7 e 71,40 lakh hectares nos anos de 1997-98, 1998-1999 e 1999-2000, respetivamente. A produção de culturas alimentares é de 136,8 lakh toneladas em 1996-97, 108,2 lakh toneladas em 1997-98, 149,1 lakh toneladas em 1998-99 e 136,97 lakh toneladas em 1999-2000. Apenas no ano de 1998-99 se regista um aumento significativo entre os anos. As estimativas da área de cana-de-açúcar em 1999-2000 são de 2,31 lakh hectares, um aumento em relação à área de 2,1 lakh hectares em 1998-99. A produção de cana-de-açúcar de 185,08 lakh toneladas em 1999-2000 é um aumento significativo em relação às 165,0 lakh toneladas em 1998-99.

No caso das sementes oleaginosas, a área no ano de 1996-97 (29,8 lakh hectare) é a primeira, seguida pelos anos de 1998-99 (27,3), 1997-98 (25,8) e 1999-2000 (25,51),

37

respetivamente. A produção de sementes oleaginosas registou 24,5 lakh hectares em 1998-99, 23,9 lakh hectares em 1996-97, 14,1 lakh hectares em 1997-98 e 13,61 lakh hectares em 1999-2000, o que representa uma produção muito baixa em comparação com a produção dos anos anteriores.

IRRIGAÇÃO:

O Andhra Pradesh atribuiu grande prioridade ao sector da irrigação, uma vez que o investimento no sistema de irrigação conduz a um aumento do crescimento agrícola e tem um impacto nas populações a nível das bases. Abençoado com um caudal de água fiável de 2746 TMC dos seus sistemas fluviais (Godavari-1495 TMC: Krishna - 811 TMC: Pennar - 98 TMC). O Andhra Pradesh está ansioso por aproveitar todos os seus recursos hídricos utilizáveis até 2020. Para alcançar esta visão, estabeleceu o objetivo de criar novas infra-estruturas de irrigação para 15 lakh acres no período 20012005. Atualmente, 40% da área cultivada bruta do estado é irrigada para aumentar a área sob esquemas de irrigação.

Quadro 2.6
Área bruta irrigada sob diferentes fontes de irrigação

(Em '00,000 hectares)

Ano	Canais	Tanques	Poços	Outros	Total
1994-95	21.84	7.69	20.17	2.15	51.85
1995-96	20.56	8.39	22.03	2.06	53.04
1996-97	21.99	9.69	22.03	2.23	51.82
1997-98	20.48	6.14	23.91	1.90	51.58
1998-99	22.86	9.28	23.06	2.34	60.92
1999-00	22.08	7.19	26.44	2.24	57.46
2000-01	22.02	7.98	25.95	2.24	59.16

Fonte: Direção de Economia e Estatística Hyd.

De acordo com o quadro 2.6, a área bruta irrigada no Estado diminuiu de 60,92 lakh hectares em 1998-99 para 57,46 lakh hectares em 1999-2000. A área bruta irrigada por poços representou uma parte importante de 25,95 lakh hectares, seguida dos canais com 22,02 lakh hectares e dos tanques com 7,98 lakh hectares em 2000-2001.

FERTILIZANTES:

Quadro 2.7
O consumo de fertilizantes em Andhra Pradesh.

(em toneladas)

Ano	N	P	K	NPK total
1997-98	1074000	490000	130000	1694000
1998-99	1284000	560000	163000	2007000
1999-00	1314099	303016	202608	1819723
2000-01	771429	350695	111542	1233666

Fonte: Direção de Economia e Estatística Hyd.

A Tabela 2.7 mostra que um dos melhores métodos para aumentar a produção agrícola é o uso de fertilizantes químicos. O Governo fez uma propaganda extensiva e intensiva para popularizar o uso de fertilizantes numa aplicação equilibrada entre os agricultores. Durante o ano 1999-45 2000, houve um aumento no consumo de fertilizantes fosfóricos e potássicos em comparação com o consumo durante 1998-99.

Implementos e máquinas agrícolas:

A mecanização é um dos factores críticos nas operações agrícolas. A mecanização da agricultura assumiu uma maior importância no aumento da produção e da produtividade das culturas, assegurando a produção e a produtividade das culturas, garantindo operações agrícolas atempadas de forma mais eficaz e reduzindo o trabalho humano. Além disso, permite evitar o aumento dos custos da mão de obra e a agitação laboral com o nível de mecanização por hora, o que levou a um aumento da produção e da produtividade agrícolas.

Quadro 2.8
Mecanização agrícola por região em Andhra Pradesh

(Unidades físicas em n.ºs)

Região	Tractores	Motoculti vador	Pente de colheita	Diversos	Total
Andhra Costeira	5019	250	30	200	10339
Rayalaseema	1895	110	0	1350	3355
Telangana	5250	574	11	4350	10190
Andhra Pradesh	12164	2206	86	9428	23884

Fonte: Banco Nacional para a Agricultura e o Desenvolvimento Rural, Andhra Pradesh,

39

Hyd.

O quadro 2.8 mostra que a adoção de métodos modernos de mecanização agrícola não

progrediu eficazmente em Andhra Pradesh. No entanto, verifica-se uma tendência crescente,

uma vez que permite poupar tempo e aumentar a produtividade através de uma melhor gestão

dos factores de produção dispendiosos, de operações atempadas, etc. Em 1992, a densidade de

tractores era de 5,42 tractores por 1000 hectares e ocupava o oitavo lugar entre todos os Estados

da Índia. Com o impulso para o desenvolvimento da agricultura em terras secas, a necessidade

de mecanização agrícola ganhou ainda mais importância.

Variedades de alto rendimento:

O Programa de Variedades de Elevado Rendimento (HYV) foi iniciado em 1966-67 no

Estado de Andhra Pradesh com o objetivo principal de cobrir a área máxima com variedades

de elevado rendimento de cinco culturas, nomeadamente arroz, trigo, Jowar, Bajra e milho, para

aumentar a produção. A área total efetivamente coberta pelo programa de variedades de alto

rendimento no Estado em 1999-2000 foi de 46,65 lakh hectares, contra o objetivo de 54,04 lakh

hectares. A diferença entre o objetivo e a área real de HYV deveu-se às condições sazonais

adversas que prevaleceram no Estado.

O presente estudo limita-se ao crescimento e à instabilidade da produção e do

rendimento das duas principais culturas comerciais, o amendoim e a cana-de-açúcar, em três

regiões de Andhra Pradesh e no conjunto do Estado, nos períodos pré e pós-revolução verde.

Propõe-se igualmente estudar as respostas em termos de área, produção e rendimento das duas

culturas selecionadas em três regiões e em dois períodos. Segue-se uma breve análise das

culturas do amendoim e da cana-de-açúcar em Andhra Pradesh: **AMENDOIM:**

A partir da Tabela 2.9, no amendoim, o estado representa cerca de 13,8% da área total

cultivada no estado durante 2000-2001. O amendoim é a cultura de sementes oleaginosas mais

importante do Estado. A cultura do amendoim é maioritariamente cultivada como cultura de sequeiro durante a estação Kharif e como cultura de regadio na estação Rabi.

Quadro 2.9
Área, produção e produtividade do amendoim em Andhra Pradesh

	Área			Produção			Produtividade		
		(lakh hectares)			(la tons kh)				(Kgs)
Ano	Quaresma	Rabi	Total	Quaresma	Rabi	Total	Quaresma	Rabi	Total
1996-1997	18.50	3.48	21.98	14.58	5.87	20.45	788	1688	2476
1997-1998	15.14	3.20	18.34	7.35	4.21	11.56	485	1317	1802
1998-1999	16.35	3.57	19.92	15.71	5.84	21.55	961	1636	2597
1999-2000	15.21	2.74	17.95	6.81	4.08	10.89	448	1488	1936
2000-2001	16.01	2.73	18.74	16.97	4.46	21.43	1061	1636	2697
Aveg.	16.80	3.28	20.08	13.14	5.00	18.14	762	1523	2275

Fonte: Direção de Economia e Estatística de Andhra Pradesh.

CANA-DE-AÇÚCAR:

A cana-de-açúcar é uma importante cultura comercial cultivada no Estado. Trata-se principalmente de uma cultura de regadio. A variedade Adsali é normalmente semeada em fevereiro-março e colhida em outubro-novembro. A variedade Aeksali, cultivada apenas no distrito de Nizamabad, é uma cultura de longa duração, semeada no mês de dezembro/janeiro e colhida em fevereiro/março do ano seguinte. Em ambas as variedades, a cultura da soca pode ser efectuada após o termo de um período de quase um ano. Dos 2,17 lakh hectares de superfície cultivada com cana-de-açúcar em Andhra Pradesh em 2000-2001, os distritos de Visakhapatnam, East Godavari, West Godavari, Chittoor, Nizamabad e Medak representavam, no seu conjunto, cerca de 75,3% da superfície total da cultura. A área, a produção e a produtividade da cana-de-açúcar são apresentadas no quadro 2.10 entre 1996-97 e 2000-2001. Embora a produtividade tenha aumentado, a produção diminuiu devido à diminuição da área durante o ano 2000-01.

Quadro 2.10

Área, produtividade e produção de cana-de-açúcar em Andhra Pradesh

	Área	Produção		Produtividade	
	(lakh hectares)	(lakh			(Kgs)
Ano	Bengala	Bengala	Gur	Bengala	Gur
1996-97	1.99	150.30	13.80	75459	6926

1997-98	1.92	139.55	13.46	72582	7000
1998-99	2.14	165.03	17.87	77231	8363
1999-00	2.31	185.08	19.67	79963	8499
2000-01	2.17	176.90	18.00	81341	8277
Aveg.	2.10	158.31	16.08	75231	7618

Fonte: Direção de Economia e Estatística de Andhra Pradesh.

2.4 Necessidade do estudo:

Uma vez que o sector agrícola é o maior sector da economia nacional, dando emprego a dois terços da população, era necessário aumentar o rendimento e o nível de vida da população através da melhoria da produtividade e da eficiência da agricultura, não através do simples abandono da agricultura, mas diretamente através do investimento de capital e da melhoria das técnicas relacionadas com as operações quotidianas da agricultura. Nas economias em desenvolvimento, considerava-se que a agricultura estava enraizada na tradição e, por conseguinte, não reagia aos estímulos económicos. Numa economia em desenvolvimento, o crescimento dos produtos agrícolas assumiu uma importância crítica devido ao aumento da procura dos mesmos, gerado pelo rápido crescimento da população e acelerado pelo aumento dos níveis de rendimento. Este problema era mais vasto e dependia do potencial de expansão do sector agrícola, bem como do aumento do fluxo de recursos para a agricultura. No caso das culturas comerciais, a procura de produtos agrícolas comerciais está a aumentar de dia para dia. É necessário estudar a resposta em termos de superfície, produção e rendimento destas culturas comerciais. Propõe-se estudar o crescimento e a instabilidade de duas grandes culturas comerciais, o amendoim e a cana-de-açúcar, em Andhra Pradesh.

Sendo a agricultura o sector predominante da sua economia, o nível e o ritmo do desenvolvimento económico em Andhra Pradesh têm continuado a ser significativamente influenciados pelo ritmo do seu desenvolvimento agrícola. No entanto, o crescimento da área cultivada não foi uniforme ou constante. Registaram-se flutuações consideráveis tanto a nível da superfície como da produção, que conduziram a flutuações do rendimento. A flutuação da superfície das culturas foi causada por variações dos preços, das condições climatéricas, da disponibilidade de instalações de irrigação e de outros factores de comercialização, etc. O facto de a superfície de culturas individuais variar sistematicamente em resposta a movimentos de preços entre culturas foi amplamente aceite com base em estudos de resposta da superfície. A maior parte dos estudos pressupunha, implícita ou explicitamente, uma relação estreita e direta entre a superfície cultivada e a produção. Um aumento ou uma diminuição da superfície foi considerado como um indicador de um aumento ou de uma diminuição da produção de uma cultura agrícola. Embora este pressuposto fosse geralmente válido, vale a pena salientar que, na agricultura de subsistência, em que o rendimento pode diminuir, um aumento da área cultivada não garante um aumento da produção. Assim, um teste direto das relações entre a produção, a área, o preço e as variáveis não relacionadas com o preço parecia ser necessário e importante para se fazer uma melhor avaliação da resposta da produção na agricultura subdesenvolvida.

2.5 Revisão da literatura:

Foram efectuados vários estudos sobre o crescimento e a instabilidade, a área, a produção e a resposta do rendimento na agricultura. Apresentam-se de seguida breves análises de alguns estudos importantes que são relevantes para o nosso presente estudo.

A ligação entre o crescimento e a variabilidade foi inicialmente colocada pela hipótese de Sen[57] (1967) no início do período pós-independência, quando o crescimento se baseava largamente na expansão da área. Mais tarde, Rao[50] (1965) atribuiu a variabilidade do rendimento como a causa da variabilidade da produção. Analisando a variabilidade na agricultura indiana, Mehra (1981) salientou a associação entre o aumento da variabilidade do rendimento e a utilização de fertilizantes por unidade de terra. Obviamente, as variabilidades da área e do rendimento resultam na variabilidade da produção agrícola.

O estudo de A. Kandaswamy[28] afirma que a produção de culturas comerciais deve crescer a uma taxa mínima de três por cento para satisfazer a procura interna e manter as exportações. Segundo ele, a política de preços é um fator importante para promover a produção. As políticas governamentais devem proporcionar um ambiente favorável à promoção do sector das culturas comerciais.

Suresh Pal[66] e A.S. Sirohi utilizaram o coeficiente de variação no seu estudo para medir a magnitude da instabilidade. O padrão de mudanças na fonte de crescimento e instabilidade foi examinado utilizando o esquema de decomposição de Hazell (1982). O crescimento e a estabilidade na produção de culturas comerciais foram processos complementares e não competitivos em regiões intensivamente irrigadas.

Archana Singh[1] e R.S.L Srivastava realizam uma investigação empírica que pode revelar a taxa de crescimento e as instabilidades dos produtores de cana-de-açúcar em diferentes regiões do Uttar Pradesh. Foram ajustadas equações semi-log para estimar as taxas de crescimento composto na área, na produção e o rendimento foi medido através do coeficiente de variação. Embora o crescimento significativo e positivo da produção de cana-de-açúcar tenha surgido como uma caraterística comum, a instabilidade da produção de cana-de-açúcar é observada no Estado, com uma magnitude variável consoante as regiões. A instabilidade da área é a principal fonte de instabilidade da produção.

Subramaniam[65] utilizou funções de taxa de crescimento composta para determinar as taxas de crescimento da área, da produção e da produtividade de frutos e produtos hortícolas no período de 1949-1950 a 1980-1981. O autor sugeriu como medidas corretivas a educação, a introdução da rotação de culturas e a adoção de novas tecnologias pelos produtores para um crescimento rápido das culturas hortícolas.

Um estudo recente de Sidhu[60] (1987), baseado no custo de cultivo das principais culturas no Punjab, revelou que a mecanização e a precarização do trabalho têm uma relação inversa com a área cultivada com culturas comerciais.

O estudo de V.K.Pandy[41] e S.K. Tewari "An analysis of cost functions and Economic Yield gap in Sugarcane production in west Uttar Pradesh for some policy implications" revela que uma maior dependência da política de produção combinada com a política de apoio aos preços a longo prazo. Pode contribuir para aumentar os níveis de rendimento e reduzir as diferenças de rendimento.

Para analisar os trabalhos sobre a reação da produção agrícola às variações de preços no contexto da agricultura indiana, a maioria dos investigadores utilizou o modelo de Marc Nerlove[38] , que tentou estimar a elasticidade da oferta. O seu trabalho tem a ver, em primeiro lugar, com o papel das expectativas dos agricultores em relação aos preços futuros na formação das suas decisões quanto ao número de hectares que devem dedicar a cada cultura.

O estudo de J.R. Behrman[7] , "the supply responsiveness in Thailand" sugere que ele estudou em pormenor o debate geral sobre a capacidade de resposta da oferta na agricultura subdesenvolvida. O estudo concentra-se na reação à variação dos preços. Os resultados apoiam fortemente o facto de os agricultores dos países economicamente subdesenvolvidos responderem de forma significativa e substancial aos incentivos económicos.

Rajkrishna[45] estimou os parâmetros de várias relações de abastecimento de produtos agrícolas na região do Punjab antes de 1946. Analisou que, na determinação da área cultivada, o preço é o único fator importante no caso do milho e da cana-de-açúcar. Afirma que, em economias pobres, não se pode defender uma presunção geral a favor da irresponsabilidade da produção agrícola em relação aos preços e que a reatividade varia consoante as culturas e as regiões.

O estudo[13] de Dhram Narain é dedicado a uma comparação gráfica das variações anuais da área cultivada de seis culturas: algodão, juta, amendoim, cana-de-açúcar, arroz e trigo. Concluiu que os agricultores indianos são muito sensíveis aos preços. Provou que, nalgumas regiões específicas, pelo menos o preço exerce uma influência significativa sobre as variações da superfície dos cereais alimentares.

S.C. Gupta[16] e A. Majiid examinaram a eficácia dos preços relativos no que respeita às alterações da área cultivada com cana-de-açúcar. Na análise da associação entre os preços de colheita e a área cultivada, é permitido um desfasamento temporal de um ano. O inquérito calculou a relação entre os preços relativos e a superfície relativa numa base anual.

O estudo do NCAER[37] (National Council of applied Economic Research) parte do princípio de que a elasticidade dos preços da superfície cultivada é uma boa aproximação à elasticidade da produção. O presente estudo tem por objetivo uma comparação inter-regional, a fim de determinar de que forma a capacidade de resposta varia entre diferentes culturas e diferentes regiões. Raj. Krishna adoptou o modelo de "ajustamento parcial" Nerloviano neste estudo.

P.V.John[26] analisou o impacto da variação de preços na área cultivada e na produção das culturas na Índia. Utilizou uma função exponencial com a forma $Y=a*b$.

Considerou três tipos de capacidade de resposta

1. Alterações na área e na produção de uma cultura em resposta a alterações nos seus preços.

2. Variação da superfície e da produção de um produto de base em resposta a variações dos preços relativos das culturas que o substituem.

3. Variações na área e na produção de um produto de base em resposta a variações no preço desse produto de base em relação a variações no preço médio de um grupo composto de produtos de base que podem ser cultivados como seu substituto.

Adoptou a abordagem congénita dos preços relativos prevalecentes no ano anterior em relação à superfície e à produção do ano em curso. Na maioria dos casos, encontrou uma relação positiva de um ou outro tipo entre preço e superfície/produção e preço relativo e superfície relativa/produção relativa.

Robert Herbt[51] fez uma tentativa de estimar a função de oferta agregada para a agricultura. A resposta da produção ou da superfície às variações de preços foi objeto de um estudo intensivo durante o período pós-planeamento. A maioria dos trabalhos observou uma hipótese positiva entre preço e área cultivada. Alguns deles observaram a ausência de qualquer relação entre os dois ou mesmo uma relação negativa.

Parthasarathy[43] e John observaram uma relação negativa no caso da cana-de-açúcar em relação ao arroz. Ambos observaram que as alterações na área cultivada não são influenciadas por alterações nos preços, mas sim por alterações na rendibilidade. A área cultivada com cana-de-açúcar aumentou mesmo durante o período em que os preços da cana-de-açúcar estavam em declínio.

J.L. Kaul[29] efectuou a sua investigação segundo as mesmas linhas de Raj Krishna para a região do Punjab. Concluiu que o efeito das condições meteorológicas é mais preponderante do que o dos preços na superfície consagrada aos cereais alimentares. Conclui que a elasticidade dos preços, tanto a curto como a longo prazo, é muito mais elevada nos distritos de regadio extensivo do que nos distritos de sequeiro.

Venkataramanan[33] e o seu coautor estimaram três equações diferentes - preços relativos, preços absolutos e desvio-padrão dos preços, para além do valor observado dos preços. Observou-se uma relação negativa entre a oferta e o desvio-padrão dos preços. Esta é a prova da existência do fenómeno da aversão ao risco entre os agricultores.

Satyanarayana[54] estudou o problema da resposta da oferta em termos de alterações na área cultivada com cana-de-açúcar. Uma caraterística importante deste estudo é que, para além das variáveis habituais do preço relativo, o autor tem em conta a capacidade instalada das fábricas de açúcar e os preços do gur. O estudo sugere que a capacidade instalada das fábricas tem uma influência significativa sobre a área cultivada com cana-de-açúcar. A influência de outras variáveis diferiu de estado para estado.

O estudo de Subba Rao[62] "Farm supply responses - A case study of Sugarcane in Andhra Pradesh" (Respostas da oferta agrícola - Um estudo de caso da cana-de-açúcar em Andhra Pradesh) concluiu que as alterações na área cultivada com cana-de-açúcar em Andhra Pradesh estão positivamente associadas a alterações nos seus preços relativos. Estudou ainda a racionalidade da resposta dos agricultores, testando a eficiência preditiva do preço relativo desfasado através de regressão automática, que se revelou positiva.

Jhala[23] revelou, através do seu estudo, que a resposta dos agricultores indianos aos incentivos económicos não é muito clara e bem definida no caso da cultura comercial do amendoim. O autor constatou que o rendimento e o período de sementeira da chuva têm um efeito significativo na área cultivada com amendoim na Índia.

De acordo com o estudo de Cummings[9], os agricultores de todo o país estão plenamente conscientes tanto dos preços potenciais como das condições de mercado prevalecentes. Cummings sublinhou que devem ser envidados esforços analíticos para reforçar a resposta da oferta aos agricultores.

O estudo de K.Subbarama Raju[63] e P.B. Parthasarthy está relacionado com a resposta da oferta e a influência do crescimento na resposta da oferta, tendo sido avaliados os mecanismos de ajustamento para as principais culturas oleaginosas por regiões em Andhra Pradesh. O mecanismo de ajustamento indica um menor número de anos necessários para realizar o efeito do preço, quando comparado com os distritos de baixo crescimento em cada região de Andhra Pradesh. O conceito de crescimento pode ser mais bem utilizado nos regimes de investigação específicos de cada local e de cada cultura e nos programas de desenvolvimento orientados para o crescimento.

Jan. R. Wills[20] analisou o impacto da nova tecnologia agrícola no rendimento e no emprego agrícola. Os resultados indicam que a adoção de novas tecnologias aumentará substancialmente o emprego agrícola total e aumentará os salários agrícolas na zona. Os resultados sugerem, portanto, a adoção da nova tecnologia pelos pequenos agricultores, o que se torna claro se os insumos do conselho forem distribuídos uniformemente com base na área explorada.

Subba Ramaraju[64] , Veera Reddy e Damodar Reddy estudaram a eficiência da utilização dos recursos e os retornos à escala na produção de amendoim no distrito de Mahaboobnagar, em Andhra Pradesh. O estudo indica que os estrumes e a irrigação constituíram os factores que mais influenciaram as condições de irrigação. Os resultados de escala em condições de regadio foram significativamente diferentes da unidade. As explorações não irrigadas registaram rendimentos constantes à escala, não sendo significativamente diferentes da unidade.

Krishna Mohan[31] analisou o impacto das novas tecnologias na estrutura agrária e na produção agrícola no estado de Andhra Pradesh. Concluiu que o desempenho das novas tecnologias no Estado pode ser descrito como algo que se situa entre as promessas extravagantes dos primeiros promotores e a tristeza da crise. Salientou que a nova tecnologia aumentou a produção alimentar, mas não conseguiu aumentar a disponibilidade per capita de cereais alimentares.

O estudo de K.R. Shanmugam[59] estudou a eficiência técnica específica das explorações agrícolas no que respeita à produção das principais culturas. Utiliza a técnica da função de produção de fronteira estocástica para medir a eficiência técnica do arroz, do amendoim e do algodão em Tamilnadu. A eficiência técnica da produção de amendoim de regadio é relativamente elevada no cultivo em terras próprias, em comparação com o cultivo em terras arrendadas. Os agricultores que têm um elevado número de membros da família com habilitações superiores ao ensino secundário são mais eficientes na produção de amendoim.

O estudo de P.S. Badal[3] e R.P. singh procura examinar a natureza das mudanças tecnológicas na produção de milho através da medição das diferenças de produtividade entre as variedades HYV e as variedades locais ou tradicionais (TVs). Foi adoptada uma função de produção do tipo Cobb-Douglas para estimar as elasticidades de vários factores de produção utilizados no cultivo de milho local e de milho HYV. A fim de testar a homogeneidade entre os parâmetros da função de produção, foi efectuado o teste de Chow. Atribuiu-se à mudança tecnológica 30% do aumento total do rendimento da tecnologia HYV na produção de milho Kharif.

O estudo de Ashok Parkh[2] e Pravin Trivedi diz respeito à estimativa da "função de produção" para as regiões, tendo utilizado a função de produção Cobb-Douglas e um número de regressões lineares iguais para as séries cronológicas e os dados transversais. O estudo revela que as estimativas de secção transversal são susceptíveis de se cruzarem com o coeficiente de longo prazo do que as estimativas de séries temporais.

Nilabja Ghosh[39] O estudo considera o estado de Andhra Pradesh como a sua área de investigação e procura identificar os possíveis factores que promovem as condições de culturas múltiplas prevalecentes no estado do Sul. Diz-se que as diferentes fontes de irrigação têm efeitos diferentes na intensidade das culturas, dependendo da distribuição temporal e da quantidade de água fornecida.

2.6 Conceção do estudo:

O projeto do presente estudo é o seguinte. Inicialmente, o primeiro capítulo trata da natureza e do significado da agricultura, da importância da agricultura na economia indiana, do crescimento, do desempenho da agricultura durante o período pós-independência, das mudanças tecnológicas na agricultura indiana e do papel das culturas comerciais.

A análise económica de Andhra Pradesh, a agricultura e as actividades conexas em Andhra Pradesh, a necessidade do estudo, a revisão da literatura e a conceção do estudo foram apresentadas no segundo capítulo.

Os objectivos, a metodologia adoptada no presente estudo, os dados utilizados e as limitações do estudo são apresentados no terceiro capítulo.

As taxas de crescimento linear, as taxas de crescimento composto e a instabilidade na área, na produção e no rendimento das principais culturas comerciais, nomeadamente o amendoim e a cana-de-açúcar, em três regiões, ou seja, Rayalaseema, Coastal Andhra, Telangana e o estado de Andhra Pradesh no seu conjunto, foram abordadas no quarto capítulo. O estudo foi efectuado em dois períodos, antes e depois da revolução verde.

O estudo da resposta da área das duas culturas comerciais nas três regiões; Rayalaseema, Coastal Andhra, Telangana e toda a Andhra Pradesh, foi efectuado no quinto capítulo. A análise de regressão múltipla foi adoptada para ambos os períodos, pré-revolução verde e pós-revolução verde.

No sexto capítulo, as respostas da produção das culturas do amendoim e da cana-de-açúcar foram analisadas para os dois períodos do estudo. Ao adotar o modelo de regressão múltipla, foi realizado um estudo regional para as três regiões e também para Andhra Pradesh.

No sétimo capítulo, foram estudadas as alterações tecnológicas no rendimento das culturas nos dois períodos. Foi efectuado um estudo por região. Foi utilizada uma análise de regressão linear múltipla para determinar os efeitos dos factores responsáveis pelo rendimento das culturas em todas as regiões e no Estado de Andhra Pradesh. No último capítulo, foram apresentados o resumo e as conclusões do estudo, bem como sugestões para melhorar as culturas do amendoim e da cana-de-açúcar.

Limitação:

Uma vez que os dados relativos ao fator área sob HYV não estão disponíveis por região/cultura, foram adoptados os dados relativos ao estado em cada região/cultura.

CAPÍTULO 3: Metodologia.

3.1 Introdução:

A agricultura é o sector-chave da economia da Índia. A Índia é uma economia predominantemente camponesa em que, mesmo atualmente, cerca de 69% da população ativa se dedica à agricultura. Sendo a maior atividade económica, a agricultura serve de índice do desenvolvimento económico do país. Todos os outros sectores da economia estão igualmente preocupados com o desempenho do sector agrícola, pois não podem escapar ao impacto das flutuações deste sector. O sector agrícola também ocupa uma posição de destaque na criação de trabalho e emprego para a população da Índia. A agricultura tem sido considerada prioritária em quase todos os planos quinquenais. A produtividade da agricultura pode ser aumentada através da adoção de tecnologias modernas e também através do cultivo intensivo e extensivo. Para além das culturas alimentares, o estudo das mudanças tecnológicas na produção de culturas comerciais como o amendoim e a cana-de-açúcar torna-se imperativo para um planeamento adequado do desenvolvimento agrícola. Os métodos actuais de estimativa das taxas de crescimento, da resposta em termos de área, da resposta em termos de produção e da resposta em termos de rendimento das principais culturas comerciais, nomeadamente o amendoim e a cana-de-açúcar, para a região de Rayalaseema, a região costeira de Andhra, a região de Telangana e todo o estado de Andhra Pradesh foram úteis para analisar estas culturas.

O estudo divide-se em dois períodos, pré e pós-revolução verde. O período anterior à revolução verde vai de 1960 a 1971 e o período posterior à revolução verde vai de 1971 a 2001. Estes métodos de estimativa propõem medir e avaliar a contribuição de vários factores tecnológicos para o desenvolvimento da agricultura no que se refere às três regiões e a Andhra Pradesh.

A agricultura é o sector mais importante da economia nacional, que abastece dois terços da população. O desenvolvimento agrícola depende em grande medida do grau de utilização de novas tecnologias pelos agricultores. Teoricamente, parte-se do princípio de que a utilização de novas tecnologias pelos agricultores seria maior numa zona de regadio do que numa zona de sequeiro e induziria igualmente alterações sociais e económicas em função do grau de utilização das novas tecnologias. A tecnologia é uma das forças mais importantes que alteram a estrutura de uma economia. É uma força que provoca a decadência económica numa região e, ao contrário, o crescimento e a prosperidade noutra. Verifica-se que, apesar das diferenças em termos de clima, condições meteorológicas e combinação de factores de produção, as principais variações na produtividade da terra e do trabalho entre outros países estão associadas às diferenças no nível dos factores de produção industriais utilizados na agricultura. A inovação tecnológica no sector agrícola que se verificou no país no final dos anos sessenta beneficiou consideravelmente a comunidade agrícola. Contribuiu para aumentar o rendimento agrícola, o que, em última análise, afectou o padrão de consumo e de poupança das famílias de agricultores. Paralelamente, os agricultores seriam motivados a aumentar a eficiência da produção e a efetuar ajustamentos nos seus padrões de investimento de modo a satisfazer plenamente a procura dos consumidores.

3.2 OBJECTIVOS:

Os principais objectivos do presente estudo são:

1. Determinar a tendência e as taxas de crescimento da superfície, da produção e do rendimento das duas principais culturas comerciais, o amendoim e a cana-de-açúcar, em três regiões de Andhra Pradesh e no conjunto do Estado.

2. Estimar a instabilidade da superfície, da produção e do rendimento de duas culturas comerciais.

3. Examinar as alterações tecnológicas da resposta da área de culturas comerciais selecionadas.

4. Examinar as alterações tecnológicas da resposta da produção das culturas comerciais

objeto do estudo.

5. Examinar as alterações tecnológicas da resposta do rendimento de duas culturas comerciais.

3.3 METODOLOGIA:

O estudo está dividido em dois subperíodos: o primeiro período é o período anterior à revolução verde (1960-1971) e o segundo período é o período posterior à revolução verde (1971-2001). Este procedimento pode ser justificado pelo facto de a informação econométrica ser escassa e de não se dever ignorar quaisquer novas amostras que forneçam uma visão independente. Examinámos os factores que explicam as variações da superfície, da produção e do rendimento nos dois subperíodos.

Para cumprir os objectivos do estudo, foi adoptada a seguinte metodologia.

Para estimar as taxas de crescimento e a instabilidade na área, na produção e no rendimento de duas culturas comerciais selecionadas, o amendoim e a cana-de-açúcar, em três regiões, nomeadamente Rayalseema, Coastal Andhra e Telangana, e o estado de Andhra Pradesh como um todo, foi adoptada a função linear da exploração agrícola, que era

$$Y = A + Bt \longrightarrow 1$$

Onde

Y = Área / Produção / Rendimento t = tempo

A, B são as constantes a determinar.

A percentagem da taxa de crescimento linear (T.C.L.) é

$$L.G.R = \frac{\hat{B}}{\bar{Y}} \times 100$$

A função exponencial foi utilizada para determinar a taxa de crescimento composta.

$$Y = AB^t \longrightarrow 2$$

A percentagem da taxa de crescimento composto (C.G.R) é

C.G.R = (B-1) x 100

O coeficiente de tempo $(\hat{B})$ foi testado pelo teste estatístico t

A instabilidade é medida pelo coeficiente de variação (C.V).

$$C.V = \frac{\sigma}{\overline{Y}} \times 100 \longrightarrow 3$$

A metodologia acima referida foi utilizada tanto para o período anterior à revolução verde (1960-1971) como para o período posterior à revolução verde (1971-2001).

Para examinar as mudanças tecnológicas da resposta da área de amendoim e cana-de-açúcar para três regiões e estado, foram adotados os modelos de regressão múltipla. O modelo, que utilizamos para os dois períodos, é

$$A_t = b_0 + b_1 P_{t-1} + b_2 Y_{t-1} + b_3 \sigma P_t + b_4 \sigma Y_t + b_5 I_t + b_6 W_t + b_7 A_{t-1} + V_t \longrightarrow 4$$

Onde

A_t = Área cultivada no ano t (em milhares de hectares)

P_{t-1} = Preço da colheita agrícola desfasado (Rs. / Quintal)

Y_{t-1} = Rendimento desfasado (Kgs. / hectare)

σP_t = Desvio padrão dos preços dos três anos anteriores,

σY_t = Desvio padrão do rendimento da cultura nos três anos anteriores,

I_t = Superfície bruta irrigada (em milhares de hectares)

W_t = Precipitação no ano t (em mm.)

A_{t-1} = Área cultivada no ano t-1, (em mil hectares)

b_i = Coeficientes estimados das variáveis

b_0 = Constante / termo de interceção.

V_t = é o termo de erro.

As mudanças tecnológicas na resposta da produção foram examinadas através da estimativa dos seguintes modelos de regressão para os períodos pré-revolução verde e pós-revolução verde, respetivamente

$$O_t = b_0 + b_1 A_t + b_2 W_t + b_3 W_{t-1} + b_4 I_t + b_5 P_{t-1} + V_t \longrightarrow 5$$

$$O_t = b_0 + b_1 A_t + b_2 W_t + b_3 W_{t-1} + b_4 I_t + b_5 P_{t-1} + b_6 F_t + b_7 H_t + V_t \longrightarrow 6$$

Aqui

O_t= Produção da cultura no ano t

A_t= Superfície cultivada no ano t

W_t= Precipitação no ano t (em mm)

W_{t-1}= Precipitação no ano t-1 (ou seja, precipitação desfasada)

I_t= Superfície irrigada

P_{t-1}= preço desfasado da cultura

F_t = consumo de fertilizantes

H_t = superfície cultivada com variedades de alto rendimento.

b_i= Coeficientes estimados das variáveis

b_0 = Constante / termo de interceção.

V_t= é o termo de erro.

As alterações tecnológicas da resposta da produção foram examinadas através da estimativa dos seguintes modelos de regressão múltipla para dois períodos, respetivamente.

$$Y_t = b_0 + b_1 W_t + b_2 W_{t-1} + b_3 I_t + b_4 P_{t-1} + V_t \longrightarrow 7$$

$$Y_t = b_0 + b_1 W_t + b_2 W_{t-1} + b_3 I_t + b_4 P_{t-1} + b_5 F_t + b_6 H_t + V_t \longrightarrow 8$$

Onde

Y_t=Rendimento da cultura no ano t

W_t= Precipitação no ano t (em mm)

Wt-1= Precipitação no ano t-1 (ou seja, precipitação desfasada)

It= Superfície irrigada

Pt-1= preço desfasado da cultura

Ft = consumo de fertilizantes

Ht = superfície cultivada com variedades de alto rendimento.

bi= Coeficientes estimados das variáveis

bo = Constante / termo de interceção.

Vt= termo de erro.

O coeficiente de regressão estimado foi testado quanto à sua significância através de uma estatística de teste adequada, conhecida como a estatística do teste t acima mencionada. O efeito coletivo de todas as variáveis explicativas na variável explicada é indicado por R^2. É designado por coeficiente de correlação múltipla.

$$R^2 = 1 - \sum e_i^2 / \sum y_i^2$$

O co-eficiente de correlações múltiplas ajustado ($\bar{R}^2$) também é estimado,

$$R^2 = 1 - (1 - R^2) \times (N - 1 / N - K)$$

Para testar a significância do efeito combinado de todas as variáveis explicativas nas variáveis explicadas, foi adoptada a estatística do teste F.

$$F = \frac{R^2 / (K-1)}{(1 - R^2)(N - K)}$$

Onde

N = Número de observações

K = Número de variáveis.

Foram estimados modelos lineares e log-lineares para as equações (4), (5),

(6), (7) e (8). Verificou-se que os modelos log-lineares apresentavam as melhores estimativas quando comparados com os modelos lineares. Por conseguinte, a análise do estudo baseia-se em modelos log-lineares.

3.4 dados estatísticos

Quadro 3.1
Amendoim: Região de Rayalaseema

ANO	ÁREA (Hectares)	SAÍDA (quintais)	RENDIMENTO (Em Kgs.)	IRRIGAÇÃO BRUTA (Hectares)	CHUVA (Em mm)	PREÇO (Em Rs.)	CONSUMO DE FERTILIZANTES (Hectares)	H.Y.V ÁREA (Hectares)
1960-61	546851	506384	926	76734	558.85	58.42	*****	*****
1961-62	498474	299583	601	34910	637.83	58.64	*****	*****
1962-63	558046	397329	712	35762	670.75	55.75	*****	*****
1963-64	607311	496173	817	43992	536	58.65	*****	*****
1964-65	667096	569033	853	41242	697.05	83.96	*****	*****
1965-66	755346	702472	930	51917	787.83	118.39	*****	*****
1966-67	650281	515023	792	89159	830.28	142.02	*****	*****
1967-68	804361	682098	848	89864	625.55	93.83	*****	*****
1968-69	690586	538657	780	77328	571.6	110.3	61707	*****
1969-70	779818	590322	757	73786	726.53	147.59	45070	*****
1970-71	905633	678319	749	101063	702.2	153.5	45952	2070
1971-72	898798	731622	814	93861	591.9	127.4	47790	3027
1972-73	753135	616833	819	88925	628.5	240.24	45960	1580
1973-74	822242	818131	995	107385	726.4	254.86	47749	2203
1974-75	869117	841305	968	94717	687	246.25	46569	2902
1975-76	870082	723038	831	68362	923	150.7	40305	2962
1976-77	702669	323228	460	40169	718	254.56	51040	2482
1977-78	712907	687242	964	74594	767	241.2	64985	2946
1978-79	825662	752178	911	89102	817	206.79	93130	3260
1979-80	857850	708584	826	93705	675	297.48	76742	2878
1980-81	816639	454503	557	107232	531	388.89	82121	3478
1981-82	886183	912777	1030	112277	734	392.5	68979	3998
1982-83	896367	574576	641	118874	598	389.12	84041	4073
1983-84	1011199	1070769	1059	129533	873	423.7	92901	3466
1984-85	1022240	72774	711	115112	562	470.53	99464	3928
1985-86	1095713	833495	761	105704	624	447.94	113036	3660
1986-87	986951	805873	817	112540	507	596.68	118835	4159
1987-88	1199117	1295178	1080	147514	801	645.62	125619	3418
1988-89	1505000	1379000	916	141304	557	733.94	163157	4467
1989-90	1494138	1267200	848	138803	814	741.29	169688	4838
1990-91	1551765	1367727	881	157336	712	976.06	210975	4525
1991-92	1617209	1272193	787	185926	848	996.03	229854	4684
1992-93	1613094	1182386	733	166768	579	833.99	219729	4148
1993-94	1604620	1795138	1119	162616	772	1009.54	225872	4045
1994-95	1512070	1058201	700	149002	618	1173.01	230599	4846
1995-96	1596244	2006456	1257	154468	661	1188.49	251387	4009
1996-97	1587845	1343341	846	157616	1100	1336.96	255130	4699
1997-98	1297427	697072	537	148102	662	1224.87	243827	4534
1998-99	1461157	1589120	1088	166913	888	1331.47	273820	4721
1999-00	1317437	648836	492	140147	563	1391.55	263304	4829
2000-01	1316514	844793	642	118503	777	1340.27	306895	4332

Fonte: várias edições do "Seasons and Crop Report" e do "Statistical Abstract" de Andhra Pradesh, publicados pelo Diretor, Gabinete de Economia e Estatística, Governo de Andhra Pradesh, e "Fertilize statistics of India".

Nota: **** dados não disponíveis

Quadro 3.2
Cana-de-açúcar: Região de Rayalaseema

ANO	ÁREA (Hectares)	SAÍDA (toneladas)	RENDIMENTO (Em Kgs.)	IRRIGAÇÃO BRUTA (Hectares)	CHUVA (Em mm)	PREÇO (Em Rs.)	CONSUMO DE FERTILIZANTES (Hectares)	H.Y.V ÁREA (Hectares)
1960-61	14790	124251	8401	36257	558.85	38.02	*****	*****
1961-62	21516	174344	8103	21382	637.83	38.14	*****	*****
1962-63	11335	93083	8212	11307	670.75	24.66	*****	*****
1963-64	16321	138761	8502	16264	536	64.8	*****	*****
1964-65	22724	192745	8482	22715	697.05	58.35	*****	*****
1965-66	21336	160959	7544	21307	787.83	62.85	*****	*****
1966-67	17980	146933	8172	16704	830.28	146.2	*****	*****
1967-68	21537	177228	8229	21536	625.55	164.58	*****	*****
1968-69	31216	237523	7609	31212	571.6	114.2	61707	*****
1969-70	25663	182284	7013	25663	726.53	81.65	45070	*****
1970-71	19251	146616	7616	19248	702.2	132.86	45952	2070
1971-72	22400	209731	9363	22062	591.9	127.63	47790	3027
1972-73	23439	185121	7898	23439	628.5	163.53	45960	1580
1973-74	29340	257077	8762	27490	726.4	146.75	47749	2203
1974-75	28335	245381	8660	28335	687	135.04	46569	2902
1975-76	21717	175234	8069	21715	923	165.57	40305	2962
1976-77	25007	184077	7361	25007	718	179.08	51040	2482
1977-78	31464	254984	8104	31464	767	128.24	64985	2946
1978-79	26063	180955	6943	26063	817	148.84	93130	3260
1979-80	22293	176962	7938	22293	675	255.94	76742	2878
1980-81	27300	184784	6769	26736	531	352.05	82121	3478
1981-82	29320	267273	9116	32902	734	249.57	68979	3998
1982-83	28404	204117	7083	28403	598	179.28	84041	4073
1983-84	25402	213425	8402	25402	873	284.48	92901	3466
1984-85	26865	211336	7867	26865	562	282.75	99464	3928
1985-86	24665	224025	9083	26677	624	334.94	113036	3660
1986-87	28133	150227	5340	28133	507	308.3	118835	4159
1987-88	22376	158764	7095	24561	801	349.5	125619	3418
1988-89	25000	230000	9200	28087	557	546.96	163157	4467
1989-90	29010	200096	6897	29011	814	1079.59	169688	4838
1990-91	29357	237697	8097	30000	712	551.48	210975	4525
1991-92	29700	236278	7955	30141	848	657.97	229854	4684
1992-93	44630	195247	4375	44630	579	786.44	219729	4148
1993-94	50375	271741	5394	50375	772	1000.4	225872	4045
1994-95	32864	340121	10349	56614	618	801.94	230599	4846
1995-96	33811	285382	8440	54104	661	850	251387	4009
1996-97	28241	226385	8016	51662	1100	1174.67	255130	4699
1997-98	30655	278344	9079	56506	662	995.78	243827	4534
1998-99	35720	378015	10583	66222	888	1042.22	273820	4721
1999-00	46414	452778	9755	71706	563	1029.54	263304	4829
2000-01	40001	336647	8416	67364	777	1076.2	306895	4332

Fonte: Várias edições do "Seasons and Crop Report" e do "Statistical Abstract of Andhra Pradesh", publicados pelo Diretor, Gabinete de Economia e Estatística, Governo de Andhra Pradesh, e "Fertilizer statistics of India".

Nota: **** dados não disponíveis

Quadro 3.3
Amendoim: Região costeira de Andhra

ANO	ÁREA (Hectares)	SAÍDA (quintais)	RENDIMENTO (Em Kgs.)	IRRIGAÇÃO BRUTA (Hectares)	CHUVA (Em mm)	PREÇO (Em Rs.)	CONSUMO DE FERTILIZANTES (Hectares)	H.Y.V ÁREA (Hectares)
1960-61	138446	139000	1004	53782	720.98	52.35	*****	*****
1961-62	156455	134551	860	23119	1112.59	54.12	*****	*****
1962-63	174839	141969	812	16731	1461.13	48.15	*****	*****
1963-64	172593	140663	815	13973	966.91	56.75	*****	*****
1964-65	182786	163776	896	12916	1057.29	71.66	*****	*****
1965-66	197954	177763	898	15822	502.71	118.68	*****	*****
1966-67	213848	191394	895	30242	1073.99	112.17	*****	*****
1967-68	244168	190451	780	29928	812.06	91.18	*****	*****
1968-69	222247	192466	866	42487	961.59	95.5	166253	*****
1969-70	246429	220800	896	49510	1334.91	134.4	177248	*****
1970-71	263141	214723	816	61478	1030.3	142.12	144687	2070
1971-72	284233	257515	906	60090	806.2	118.95	158228	3027
1972-73	237844	209303	880	27098	966	160.82	149286	1580
1973-74	257653	287541	1116	46562	836.4	221.03	129241	2203
1974-75	293263	301181	1027	55939	883.7	238.36	166794	2902
1975-76	233580	192003	822	33268	1146	178.12	182651	2962
1976-77	164501	133904	814	23807	1215	249.27	214563	2482
1977-78	166087	160606	967	31086	987	240.27	240811	2946
1978-79	174338	161960	929	35340	1182	215.04	281840	3260
1979-80	183654	184940	1007	42197	824	278.49	285856	2878
1980-81	212119	197487	931	46315	1086	335.59	313160	3478
1981-82	235926	254343	1078	54959	930	380.38	388489	3998
1982-83	237050	238434	1006	50368	868	381.74	409819	4073
1983-84	261877	312038	1192	67438	1174	40931	482101	3466
1984-85	275929	293364	1063	82506	831	452.61	579487	3928
1985-86	240734	247795	1029	65966	1035	441.51	554241	3660
1986-87	287975	309899	1076	77283	1068	535.16	583125	4159
1987-88	341319	324486	951	116024	1074	597.55	542113	3418
1988-89	354000	444000	1254	98750	1057	729.06	757683	4467
1989-90	343145	409420	1193	97578	1577	638.12	709610	4838
1990-91	352293	397420	1128	114854	976	1287.58	857016	4525
1991-92	357750	453694	1268	120796	1209	874.44	808113	4684
1992-93	348396	426362	1224	106534	1000	967.5	806187	4148
1993-94	341898	378289	1106	102346	876	907.35	782999	4045
1994-95	297024	311077	1047	86818	1300	1131.95	842920	4846
1995-96	262786	281969	1073	77002	1045	1237.07	836464	4009
1996-97	228816	300691	1314	70541	1290	1308.14	826568	4699
1997-98	200761	235018	1170	61361	992	1128	831478	4534
1998-99	205346	249693	1216	64983	1303	1244.25	946665	4721
1999-00	186927	216040	1156	48064	879	1400	1025214	4829
2000-01	134509	155342	1155	36430	966	1754	994332	4332

Fonte: Várias edições do "Seasons and Crop Report" e do "Statistical Abstract of Andhra Pradesh", publicados pelo Diretor, Gabinete de Economia e Estatística, Governo de Andhra Pradesh, e "Fertilizer statistics of India".

Nota: **** dados não disponíveis

Quadro 3.4
Cana-de-açúcar: Região costeira de Andhra

ANO	ÁREA (Hectares)	SAÍDA (toneladas)	RENDIMENTO (Em Kgs.)	IRRIGAÇÃO BRUTA (Hectares)	CHUVA (Em mm)	PREÇO (Em Rs.)	CONSUMO DE FERTILIZANTES (Hectares)	H.Y.V ÁREA (Hectares)
1960-61	53533	435759	8140	122715	720.98	33.02	*****	*****
1961-62	48992	405164	8270	43942	1112.59	30.37	*****	*****
1962-63	58141	490361	8434	52889	1461.13	31.06	*****	*****
1963-64	74955	663801	8866	70332	966.91	53.37	*****	*****
1964-65	78953	654836	8294	75295	1057.29	70.28	*****	*****
1965-66	78356	618386	7892	73836	502.71	66.59	*****	*****
1966-67	66471	529575	7963	61099	1073.99	107.27	*****	*****
1967-68	69389	580300	8363	66621	812.06	198.29	*****	*****
1968-69	89044	725352	8746	86323	961.59	84.93	166253	*****
1969-70	102595	729656	7112	98143	1334.91	123.6	177248	*****
1970-71	75697	607998	8032	73926	1030.3	128.63	144687	2070
1971-72	71642	722223	10081	69414	806.2	176.21	158228	3027
1972-73	83412	744285	8923	80649	966	179.66	149286	1580
1973-74	106603	889495	8344	103746	836.4	180.16	129241	2203
1974-75	111381	917779	8240	108439	883.7	195.84	166794	2902
1975-76	96684	694385	7182	93911	1146	170.04	182651	2962
1976-77	97030	730927	7533	94305	1215	111.85	214563	2482
1977-78	104583	735846	7036	101819	987	155.11	240811	2946
1978-79	87685	591874	6750	84619	1182	230.46	281840	3260
1979-80	70958	532185	7500	67997	824	326.28	285856	2878
1980-81	82779	593014	7164	81155	1086	326.29	313160	3478
1981-82	107213	937172	8741	106808	930	219.71	388489	3998
1982-83	103000	770395	7479	100107	868	192.48	409819	4073
1983-84	82342	576133	6997	78903	1174	283.64	482101	3466
1984-85	81565	540385	6625	78923	831	326.12	579487	3928
1985-86	78611	549097	6985	81451	1035	321	554241	3660
1986-87	90812	518586	5711	89384	1068	316.25	583125	4159
1987-88	94808	637448	6724	99884	1074	324.46	542113	3418
1988-89	94000	677000	7202	99446	1057	397.66	757683	4467
1989-90	103141	710706	6891	101223	1577	512.81	709610	4838
1990-91	103718	717086	6914	105202	976	434.8	857016	4525
1991-92	119389	875567	7334	119535	1209	476.64	808113	4684
1992-93	175262	798812	4558	166605	1000	674.42	806187	4148
1993-94	186786	862158	4616	176384	876	886.93	782999	4045
1994-95	131647	1015527	7714	213875	1300	795.95	842920	4846
1995-96	133754	951008	7110	204092	1045	1000	836464	4009
1996-97	126948	856741	6749	197097	1290	1350	826568	4699
1997-98	120919	784645	6489	196526	992	1029.54	831478	4534
1998-99	134221	992967	7398	204992	1303	1012.75	946665	4721
1999-00	128046	1098498	8579	195407	879	947.33	1025214	4829
2000-01	123009	972543	7906	192325	966	1071.21	994332	4332

Fonte: Várias edições do "Seasons and Crop Report" e do "Statistical Abstract of Andhra Pradesh", publicados pelo Diretor, Gabinete de Economia e Estatística, Governo de Andhra Pradesh, e "Fertilizer statistics of India".

Nota: **** dados não disponíveis

Quadro 3.5
Amendoim: Região de Telangana

ANO	ÁREA (Hectares)	SAÍDA (quintais	RENDIMENTO (Em Kgs.)	IRRIGAÇÃO BRUTA (Hectares)	CHUVA (Em mm)	PREÇO (Em Rs.)	CONSUMO DE FERTILIZANTES (Hectares)	H.Y.V ÁREA ' Hectares)
1960-61	116893	56576	484	5872	1210.2	59.31	*****	*****
1961-62	128742	112006	870	8530	1100.5	52.89	*****	*****
1962-63	165382	104687	633	12053	1097.5	58.38	*****	*****
1963-64	201659	135313	671	10881	939.1	62.15	*****	*****
1964-65	242018	150292	621	23003	912.1	86.6	*****	*****
1965-66	206094	203699	712	20826	770.3	115.85	*****	*****
1966-67	324632	127256	392	34627	902.9	128.34	*****	*****
1967-68	322257	206244	640	44204	906.2	110.52	*****	*****
1968-69	318688	167311	525	38173	746.1	112.83	68204	*****
1969-70	348326	252188	724	48946	948.3	141.04	67844	*****
1970-71	400022	300817	752	74867	1002.5	159.29	104693	2070
1971-72	464036	275173	593	68154	634.8	123.98	85134	3027
1972-73	424107	171763	405	38794	559.1	187.21	80330	1580
1973-74	307584	270059	878	76547	1020	230.66	86731	2203
1974-75	308646	270374	876	78090	885.9	228.25	96809	2902
1975-76	226820	204592	902	56512	1147	161.08	103004	2962
1976-77	184090	129047	701	48401	992	255.89	128847	2482
1977-78	220393	175212	795	73849	820	235.85	151336	2946
1978-79	2768.8	245869	888	88627	1271	207.9	227236	3260
1979-80	304154	225682	742	100382	696	271.31	172213	2878
1980-81	275249	208496	758	60524	845	340.79	179905	3478
1981-82	328960	270033	821	99090	1043	361.93	242856	3998
1982-83	371018	320465	864	119704	863	362.32	245980	4073
1983-84	391781	333425	851	138793	1351	388.73	333585	3466
1984-85	378021	237629	629	133256	715	357.85	301342	3928
1985-86	329394	229275	696	110833	809	425.86	323126	3660
1986-87	295635	192574	651	100249	832	526.72	338556	4159
1987-88	370471	286167	772	143062	910	569.36	298991	3418
1988-89	454000	346000	762	153050	1338	634.6	435734	4467
1989-90	445093	410244	922	159836	1344	648.48	433877	4838
1990-91	489805	501573	1024	200918	1096	780.74	551758	4525
1991-92	506048	425953	842	203405	831	856.21	544345	4684
1992-93	410987	356094	866	155866	798	782.75	546885	4148
1993-94	405332	372193	918	163505	782	910.93	534451	4045
1994-95	367204	301017	820	132419	925	1204.13	553567	4846
1995-96	361167	337291	934	141111	1028	1052.6	663312	4009
1996-97	381663	400939	1051	152509	950	1263.75	687072	4699
1997-98	335844	223840	666	145946	717	1152.34	621718	4534
1998-99	325416	316254	972	153670	1062	1139.42	787428	4721
1999-00	290753	224370	772	121642	758	1322.98	830116	4829
2000-01	240095	250098	1042	116852	939	1243.56	873345	4332

Fonte: Várias edições do "Seasons and Crop Report" e do "Statistical Abstract of Andhra Pradesh", publicados pelo Diretor, Gabinete de Economia e Estatística, Governo de Andhra Pradesh, e "Fertilizer statistics of India".
Nota: **** dados não disponíveis

62

Quadro 3.6
Cana-de-açúcar: Região de Telangana

ANO	ÁREA (Hectares)	SAÍDA (toneladas)	RENDIMENTO (Em Kgs.)	IRRIGAÇÃO BRUTA (Hectares)	CHUVA (Em mm)	PREÇO (Em Rs.)	CONSUMO DE FERTILIZANTES (Hectares)	H.Y.V ÁREA (Hectares)
1960-61	27855	236266	12072	57102	1210.2	30.55	*****	*****
1961-62	25272	218957	8664	25135	1100.5	27.39	*****	*****
1962-63	21540	209304	9717	21527	1097.5	54.66	*****	*****
1963-64	32811	285718	3708	32792	939.1	62.15	*****	*****
1964-65	43708	366273	8380	43676	912.1	60.02	*****	*****
1965-66	35983	298839	8305	35951	770.3	4500	*****	*****
1966-67	27543	197373	7166	27468	902.9	69.87	*****	*****
1967-68	32256	233243	7231	32239	906.2	140.63	*****	*****
1968-69	35456	306375	8641	35456	746.1	173.09	68204	*****
1969-70	30177	205686	6816	30170	948.3	76.09	67844	*****
1970-71	24606	194363	7899	24606	1002.5	76.06	104693	2070
1971-72	25068	242132	9659	25068	634.8	137.29	85134	3027
1972-73	27490	178300	6486	27489	559.1	164.11	80330	1580
1973-74	41803	312950	7472	41883	1020	176.9	86731	2203
1974-75	55376	526072	9500	55355	885.9	153.71	96809	2902
1975-76	52419	430308	8209	52375	1147	190.98	103004	2962
1976-77	56920	492244	8648	56886	992	204.63	128847	2482
1977-78	58661	617642	10529	58661	820	132.06	151336	2946
1978-79	47849	386716	8082	47849	1271	159	227236	3260
1979-80	42250	451188	10679	42250	696	238.66	172213	2878
1980-81	62921	264660	4206	6298	845	358.67	179905	3478
1981-82	43187	438542	10154	77717	1043	266.37	242856	3998
1982-83	73143	373365	5104	73141	863	179.09	245980	4073
1983-84	63864	248165	3886	63862	1351	235.87	333585	3466
1984-85	62003	256721	4140	62001	715	243.25	301342	3928
1985-86	33182	223720	6742	55126	809	291.67	323126	3660
1986-87	49409	164845	3336	49412	832	303.93	338556	4159
1987-88	26113	192875	7386	51033	910	317.54	298991	3418
1988-89	35000	259000	7400	67496	1338	332.4	435734	4467
1989-90	77553	305587	3940	77511	1344	403.99	433877	4838
1990-91	49017	371040	7590	89535	1096	346.06	551758	4525
1991-92	53111	403522	7603	82360	831	402.78	544345	4684
1992-93	63766	249116	3907	63769	798	721.21	546885	4148
1993-94	68087	284066	4172	68086	782	971.25	534451	4045
1994-95	44680	296222	6675	84606	925	815.63	553567	4846
1995-96	45954	324907	7070	81784	1028	1100	663312	4009
1996-97	43990	296422	6738	80214	950	902.02	687072	4699
1997-98	40691	282881	6951	82692	717	941.54	621718	4534
1998-99	46073	416010	9029	100569	1062	980.2	787428	4721
1999-00	56993	415738	7295	101708	758	927.88	830116	4829
2000-01	55288	457877	8282	105290	939	923.52	873345	4332

Fonte: Várias edições do "Seasons and Crop Report" e do "Statistical Abstract of Andhra Pradesh", publicados pelo Diretor, Gabinete de Economia e Estatística, Governo de Andhra Pradesh, e "Fertilizer statistics of India".

Nota: **** dados não disponíveis

Quadro 3.7
Amendoim: Andhra Pradesh

ANO	ÁREA (Hectares)	SAÍDA (Toneladas	RENDIMENTO (Em Kgs.)	IRRIGAÇÃO BRUTA (Hectares)	CHUVA (Em mm)	PREÇO (Em Rs.)	CONSUMO DE FERTILIZANTES (Hectares)	H.Y.V ÁREA ' Hectares)
1960-61	802190	693894	865	136388	1030.3	57.16	*****	*****
1961-62	783671	528194	674	66559	1017	55.51	*****	*****
1962-63	898267	656633	731	64546	1134	54.22	*****	*****
1963-64	981563	947951	762	68846	891	57.89	*****	*****
1964-65	1091900	915012	838	77161	920	82.52	*****	*****
1965-66	1239394	628373	507	88565	680	113.7	*****	*****
1966-67	1188761	819056	689	154024	948	149.51	*****	*****
1967-68	1370786	1039056	758	163996	817	98.03	*****	*****
1968-69	1231521	884232	718	157988	787	111.8	296164	*****
1969-70	1374573	1063919	774	172244	989	146.11	290162	*****
1970-71	1568800	1234130	787	237408	956	154.22	295332	2070
1971-72	1647070	1310720	786	222105	692	124.76	291152	3027
1972-73	1531050	1079390	705	154817	724	213.13	275576	1580
1973-74	1501040	1246160	830	230494	894	243.02	263721	2203
1974-75	1471030	1412920	960	228745	848	238.59	310172	2902
1975-76	1261140	998044	791	158142	1104	157.67	325960	2962
1976-77	1051260	583164	556	112377	1024	265.34	394450	2482
1977-78	1099390	1023410	931	179529	873	238.81	457132	2946
1978-79	1276880	1160380	909	213069	1150	206.13	602206	3260
1979-80	1345660	1118920	832	236284	734	289.47	534811	2878
1980-81	1304010	860486	660	214071	884	364.97	575186	3478
1981-82	1451070	1451070	990	266326	945	387.51	700324	3998
1982-83	1504440	1333480	753	288946	819	381.67	739840	4073
1983-84	1664860	1716230	1053	355764	1198	417.38	908587	3466
1984-85	1676190	1258070	751	330424	734	459.69	980293	3928
1985-86	1665840	1310570	787	282503	865	441.92	990403	3660
1986-87	1570560	1308350	833	290072	868	578.44	1040516	4159
1987-88	1910909	1905831	997	406600	954	625.76	966723	3418
1988-89	2312280	2169890	938	393105	1144	707.36	1356574	4467
1989-90	2282380	2086860	914	396217	1343	698.72	1313175	4838
1990-91	2393863	2266720	947	473108	982	922.49	1619749	4525
1991-92	2481007	2157840	867	510127	981	976.82	1582312	4684
1992-93	2372450	1964842	828	429168	837	826.28	1572801	4148
1993-94	2351850	2545620	1082	428467	817	978.12	1543322	4045
1994-95	2176298	1670295	767	368239	1018	1161.27	1627086	4846
1995-96	2220197	2625716	1183	372581	971	1167.35	1751163	4009
1996-97	2198324	2044971	930	980666	1110	1334.24	1768770	4699
1997-98	1834032	1155930	630	355409	815	1200.96	1697023	4534
1998-99	1991919	2155067	1052	385566	1128	1305.39	2007913	4721
1999-00	1795117	1089246	607	309853	771	1393.72	2118634	4829
2000-01	1671118	1250233	739	271785	925	1423.05	2174572	4332

Fonte: Várias edições do "Seasons and Crop Report" e do "Statistical Abstract of Andhra Pradesh", publicados pelo Diretor, Gabinete de Economia e Estatística, Governo de Andhra Pradesh, e "Fertilizer statistics of India".
Nota: **** dados não disponíveis

Quadro 3.8
Cana-de-açúcar: Andhra Pradesh

ANO	ÁREA	SAÍDA	RENDIMENTO	IRRIGAÇÃO BRUTA	CHUVA	PREÇO	CONSUMO DE FERTILIZANTES (	H.Y.V ÁREA
	(Hectares)	(toneladas)	(Em Kgs.)	(Hectares)	(Em mm)	(Em Rs.)	Hectares)	(Hectares)
1960-61	96178	854830	8888	216074	1030.3	32.08	*****	*****
1961-62	95780	780032	8144	90459	1017	27.98	*****	*****
1962-63	61016	827882	9096	85723	1134	38.96	*****	*****
1963-64	124087	1080550	8708	119388	891	55.52	*****	*****
1964-65	145385	1218326	8380	141686	920	62.09	*****	*****
1965-66	135675	1093812	8062	131094	680	65.28	*****	*****
1966-67	111994	871089	7778	105471	948	139.36	*****	*****
1967-68	123182	1010092	8200	120396	817	187.77	*****	*****
1968-69	155716	1273757	8180	152991	787	110.65	296164	*****
1969-70	158435	1120769	7074	153976	989	80.29	290162	*****
1970-71	119554	947226	7923	113268	956	109.97	295332	2070
1971-72	119110	1180857	9914	127779	692	127.45	291152	3027
1972-73	134341	1107642	8245	131577	724	169.59	275576	1580
1973-74	177826	1473111	8284	173119	894	151.89	263721	2203
1974-75	195092	1671938	8570	192129	848	179.53	310172	2902
1975-76	170820	1294303	7577	168001	1104	186.58	325960	2962
1976-77	178957	1382801	7727	176198	1024	173.84	394450	2482
1977-78	194708	1545982	7940	191944	873	114.71	457132	2946
1978-79	161599	1142006	7067	158531	1150	156.18	602206	3260
1979-80	135501	1114089	8222	132540	734	228.91	534811	2878
1980-81	174357	1042458	5979	107809	884	335.65	575186	3478
1981-82	179720	1642987	9142	217427	945	232.35	700324	3998
1982-83	204547	1344937	6575	201621	819	183.02	739840	4073
1983-84	171608	1037723	6047	168167	1198	235.87	908587	3466
1984-85	170433	1008442	5917	167789	734	308.72	980293	3928
1985-86	136458	996842	7305	163254	865	119.09	990403	3660
1986-87	168354	833658	4952	166929	868	310.38	1040516	4159
1987-88	143297	989087	6902	175478	954	336.43	966723	3418
1988-89	154000	1175000	7629	195029	1144	391.03	1356574	4467
1989-90	209704	1216389	5800	207745	1343	483.19	1313175	4838
1990-91	182070	1325823	7282	224737	982	465.6	1619749	4525
1991-92	202200	1515667	7496	232033	981	431.46	1582312	4684
1992-93	283658	1243175	4383	275004	837	706.85	1572801	4148
1993-94	305248	1417965	4645	294845	817	874.17	1543322	4045
1994-95	209191	1653870	7906	355095	1018	730.44	1627086	4846
1995-96	213519	1561297	7312	339980	971	949.94	1751163	4009
1996-97	199179	1379548	6926	328973	1110	1275.4	1768770	4699
1997-98	192265	1345870	7000	335724	815	993.67	1697023	4534
1998-99	216014	1786992	8273	367783	1128	1008.67	2007913	4721
1999-00	231453	1967014	8499	368821	771	985.37	2118634	4829
2000-01	237150	1800090	8095	364980	925	1012.22	2174572	4332

Fonte: Várias edições do "Seasons and Crop Report" e do "Statistical Abstract of Andhra Pradesh", publicados pelo Diretor, Gabinete de Economia e Estatística, Governo de Andhra Pradesh, e "Fertilizer statistics of India".

Nota: ***** dados não disponíveis

CAPÍTULO 4: Crescimento e instabilidade da superfície, da produção e do rendimento.

4.1 Introdução:

Apesar da mudança na composição do rendimento do Estado do sector primário para outros sectores, o Andhra Pradesh é um Estado agrícola. A taxa de crescimento setorial do PIB do Estado em Andhra Pradesh foi de 2,21% entre 1980-81 e 1990-91 e aumentou para 2,47% entre 1993-94 e 2000-01 no sector agrícola. A taxa de crescimento do PIB do sector secundário ou industrial é de 7,36% para 6,20% entre 1980-81 e 1990-91 e entre 1993-94 e 2000-2001, e de 7,69% para 6,71% no caso do território ou da taxa de crescimento do PIB do sector dos serviços durante o mesmo período.

A intensidade das culturas aumentou de 110% em 1960-61 para 123% em 1999-2000. Este facto deve-se principalmente ao aumento da área irrigada. Andhra Pradesh é conhecido como o "Estado fluvial da Índia". A irrigação aumentou de 2,90 milhões de hectares em 1960-61 para 4,29 milhões de hectares em 19992000. As alterações no padrão de cultivo da área cultivada bruta são de 121,8 hectares em 1958-59, 125,1 hectares em 1978-79 e 130,6 hectares em 1998-1999. A produção de arroz registou 1 03 57 970 toneladas em 1999, seguida da produção de amendoim (17 85 323 toneladas), cana-de-açúcar (15 04 137 toneladas) e milho (12 18 909 toneladas). O Andhra Pradesh é bem conhecido como a bacia de arroz do Sul da Índia. O Andhra Pradesh é responsável por 7,54% da produção de cereais alimentares do país. Uma grande proporção da mão de obra depende da agricultura no Estado, em comparação com o nível da Índia (56,2%). Do mesmo modo, a parte da agricultura no produto interno bruto do Estado (28,6%) é superior ao valor correspondente a nível da Índia (24,0%). De facto, o Estado era conhecido como o celeiro do Sul da Índia até há pouco tempo.

Entre as culturas não alimentares, a cultura do amendoim é uma das mais importantes, com uma área que varia entre 8 e 17 lakh hectares. Entre 1960-61 e 2000-2001, a área foi duplicada, mas em 1990-91 registou-se uma área cultivada superior a 23 lakh hectares.

Relativamente ao rendimento do amendoim, este diminuiu de 865 kg para 739 kg entre 1960-61 e 2000-2001. A cana-de-açúcar é outra cultura comercial importante. A área cultivada com cana-de-açúcar duplicou, passando de 96 lakh hectares para 237 lakh hectares entre 1960-61 e 200001, mas o rendimento diminuiu ligeiramente, passando de 8858 para 8095 kgs. Por hectare, entre 1960-61 e 2000-2001. A superfície de algodão aumentou de 7 lakh hectares para 11 lakh hectares. O rendimento do algodão registou uma alteração significativa, passando de 147 kgs. Por hectare para 1654 kgs. Por hectare, entre 1960-61 e 200001. A área cultivada com tabaco aumentou de 1,4 para 2,3 lakh hectares. O rendimento do tabaco registou uma alteração significativa.

O estudo do crescimento e da instabilidade da agricultura é um conceito importante para estimar a produção, o rendimento e a superfície futuros. Com a ajuda destas estimativas, é possível tomar decisões políticas para satisfazer as futuras necessidades do país. O aumento da população cria uma procura de produtos agrícolas. Para satisfazer a procura futura de produção agrícola, é essencial estudar o crescimento e o desempenho das principais culturas comerciais, nomeadamente o amendoim e a cana-de-açúcar. Atualmente, o crescimento e a instabilidade foram estimados para a área, a produção e o rendimento de duas culturas comerciais, o amendoim e a cana-de-açúcar.

Para cumprir o nosso primeiro objetivo, propõe-se estimar as taxas de crescimento linear e composto da superfície, da produção e do rendimento de duas grandes culturas comerciais, nomeadamente o amendoim e a cana-de-açúcar, em três regiões de Andhra Pradesh e no conjunto do Estado. Estimar também a instabilidade destas culturas no que respeita à superfície, à produção e ao rendimento.

4.2 Taxas de crescimento da área: Período pré-revolução verde (1960-1971).

Rayalaseema-Amendoim

A equação de regressão linear estimada para a superfície cultivada com amendoim na região de Rayalaseema é a seguinte

$$Y = 477026 + 33584^*t \qquad L.G.R = 4.9494$$
$$(5498)$$

Os valores entre parênteses correspondem ao erro padrão
* Significativo ao nível de 5 por cento de probabilidade.

A partir da equação acima, o coeficiente de regressão, ou seja, o valor de "B" é 33584, sendo positivo e significativo a um nível de probabilidade de 5 por cento. Revela que existe uma tendência para o aumento da área cultivada com amendoim na região de Rayalaseema. Em termos de expressão numérica, em média 33584 hectares estão a aumentar todos os anos durante o período de estudo. A taxa de crescimento linear estimada é de 4,95. Isto mostra que o crescimento médio anual da área cultivada com amendoim na região de Rayalaseema é de 4,95 por cento. O valor do termo de interceção "A" é 477026.

A equação exponencial estimada é

$$Y = (495406)(1.051)^{t*} \qquad C.G.R = 5.1162$$
$$(0.0079) \qquad C.V = 18.2893$$

A taxa de crescimento composta da área cultivada com amendoim é de 5,12 por cento. Isto significa que a taxa média de crescimento da área cultivada com amendoim em relação ao ano anterior é de 5,12 por cento. O C.V. é 18,29. Mostra que 18,3 por cento da variação da área de amendoim foi registada durante o período anterior à revolução verde, ou seja, a instabilidade da área de amendoim durante o período foi registada como 18,3 por cento.

Rayalaseema-Cana-de-açúcar:

A equação de regressão linear estimada é a seguinte

$$Y = 14649 + 947^*t \qquad L.G.R = 4.660$$
$$(441)$$

A equação estimada revela que o coeficiente do tempo é positivo e significativo. Isto significa que há um aumento significativo da área da cultura da cana-de-açúcar durante o período anterior à revolução verde. Todos os anos, 947 hectares de área estão a aumentar com esta cultura. Observa-se que foi registado um crescimento de 4,66% na área de cana-de-açúcar durante o período. O valor do termo de interceção é 14649.

A equação exponencial estimada é:

$$Y=(14665)\,(1.050)^{t*} \qquad C.G.R=5.015$$
$$(0.022) \qquad C.V=26.526$$

A taxa de crescimento composta da superfície cultivada com cana-de-açúcar é de 5,02. O coeficiente de "B" é 1,050. Isto significa que há 1,05 hectares de cana-de-açúcar que estão a aumentar em relação ao ano anterior. Esta alteração da superfície é significativa. O valor estimado de C.V revela que existe 26,53 por cento de variação na área de cana-de-açúcar durante este período, ou seja, a instabilidade na área de cana foi de 26,5 por cento.

Costa de Andhra - Castanha da Índia:

A equação de regressão linear ajustada é:

$$Y=130275+11816^{*}t \qquad L.G.R=5.874$$
$$(885)$$

Na equação ajustada acima, o coeficiente do tempo é positivo e significativo a um nível de probabilidade de 5 por cento. Existe uma relação positiva entre a área e o tempo. Esta relação positiva significa que todos os anos a área cultivada com amendoim está a aumentar. Verifica-se que o coeficiente estimado de "B" é 11816. Por cada período de um ano, 11816 hectares de área estão a aumentar nesse período. A taxa de crescimento linear é de 5,87. O crescimento médio anual da área de amendoim durante o período de estudo é de 5,87 por cento. O valor da constante ou termo de interceção é 130275.

A equação exponencial ajustada é:

$$Y=(137774)\,(1.062)^{t*} \qquad C.G.R=6.183$$
$$(0.0045) \qquad C.V=19.967$$

A taxa de crescimento composta da área cultivada com amendoim é de 6,18. Isto significa que o aumento da taxa média anual de crescimento da área em relação ao ano anterior é de 6,18%. O C.V é 19,97. Significa que foi observada uma variação de 19,97% na área de amendoim.

Costeira de Andhra - cana-de-açúcar:

A regressão linear calculada é:

$$Y = 50866 + 3585^{*}t \qquad L.G.R = 4.953$$
$$(1016)$$

A partir da equação estimada acima, o valor do coeficiente de regressão, ou seja, "B", é 3585. É positivo e significativo. Significa que se regista um aumento significativo da área cultivada com cana-de-açúcar na região costeira de Andhra. Todos os anos, 3585 hectares de área estão a aumentar durante este período. A taxa de crescimento linear estimada é de 4,95, o que significa que o crescimento médio anual da área de cana-de-açúcar durante o período é de 4,95 por cento. O valor da constante "A" é 50866.

A forma exponencial calculada da área cultivada com cana-de-açúcar é

$$Y = (52079)(1.053)^{t*} \qquad C.G.R = 5.265$$
$$(0.0138) \qquad\qquad C.V = 4.953$$

A taxa de crescimento composto da área de cana-de-açúcar é de 5,27%. O coeficiente de variação na área da cana-de-açúcar é de 4,95 durante o período de estudo. Foi registada uma variação de 4,95 por cento na área da cana-de-açúcar na região costeira de Andhra.

Telangana-Amendoim:

A equação de regressão linear calculada é:

$$Y = 84372 + 27979^{*}t \qquad L.G.R = 11.092$$
$$(2341)$$

Da equação acima, o valor de "B" é 27979. É positivo e significativo a um nível de probabilidade de 5 por cento. Em média, 27979 hectares de superfície aumentam todos os anos durante o período anterior à revolução verde. Este aumento do amendoim em Telangana é significativo. A taxa de crescimento linear estimada é de 11,09. Isto significa que o crescimento médio anual da superfície de amendoim é de 11,09%. O valor do termo de interceção "A" é 84372.

A equação exponencial calculada é:

$$Y=(113184)\,(1.129)^{t*} \qquad C.G.R=12.885$$
$$(0.0116) \qquad C.V=37.929$$

Esta função revela que a relação entre a variável independente e a variável dependente é positiva e significativa. A taxa de crescimento composto da área é de 12,89. Isto significa que o crescimento médio anual da área em relação ao ano anterior é de 12,89%. Na região de Telangana, 37,93% da variação da área de amendoim foi observada durante o período anterior à revolução verde.

Telangana-cana-de-açúcar:

A equação de regressão linear estimada para a superfície cultivada com cana-de-açúcar na região de Telangana é a seguinte

$$Y=29136 + 253t \qquad L.G.R=0.0826$$
$$(626)$$

A equação estimada revela que o coeficiente do tempo é positivo, mas não significativo. Isto significa que a taxa de aumento da área cultivada com cana-de-açúcar não é significativa. Todos os anos, 253 hectares de área estão a aumentar com a cultura no período anterior à revolução verde. A taxa de crescimento linear de 0,08 mostra que o crescimento médio anual durante o período é de 0,08 por cento. O valor do termo de interceção é 29136.

A forma exponencial estimada é:

$$Y=(28354)\,(1.010)^{t} \qquad C.G.R= 0.995$$
$$(0.0200) \qquad C.V=20.513$$

A taxa de crescimento composto da área de cana-de-açúcar é de 0,995 por cento. Isso significa que, em média, 0,99% da área está aumentando em relação ao ano anterior. O coeficiente de variação estimado expressa que há 20,51 por cento de instabilidade na área de cana-de-açúcar durante o período de estudo.

Andhra Pradesh - Castanha da Índia:

A equação de regressão linear ajustada é:

$$Y = 698945 + 73379^* t \qquad L.G.R = 6.441$$
$$(6921)$$

Na equação ajustada acima, o coeficiente do tempo é 73379. É positivo e significativo ao nível de 5 por cento de probabilidade. Significa que, todos os anos, 73379 hectares de área de amendoim estão a aumentar em Andhra Pradesh. Este aumento da área de amendoal é um aumento significativo. A taxa de crescimento linear calculada é de 6,44. Isto mostra que o crescimento médio anual da área de amendoim durante o período anterior à revolução verde é de 6,44%. O valor do termo de interceção é 698945.

A equação não linear estimada é a seguinte

$$Y = (747378)(1.069)^{t*} \qquad C.G.R = 6.862$$
$$(0.0063) \qquad C.V = 22.202$$

A taxa de crescimento composto do amendoim é de 6,86. Isto revela que todos os anos 6,86% da área de amendoim está a aumentar em relação ao ano anterior em todo o estado de Andhra pradesh. Quase 22% de instabilidade na área de amendoim foi observada durante o período pré-revolução verde pelo valor de C.V.

Andhra Pradesh-Cana-de-açúcar:

A equação de regressão linear ajustada é:

$$Y = 87015 + 5604^* t \qquad L.G.R = 4.645$$
$$(2227)$$

O valor estimado do coeficiente de regressão é 5604. É positivo e significativo. Esta relação positiva revela uma tendência para o aumento da superfície cultivada com cana-de-açúcar em Andhra Pradesh. Em média, 56,04 hectares de área de cana-de-açúcar estão a aumentar todos os anos. A taxa de crescimento linear estimada é de 4,64. Isto significa que o crescimento médio anual da área de cana-de-açúcar durante o período anterior à revolução verde é de 4,64%. O termo de interceção é 87015.

A equação exponencial estimada é:

$$Y=(85998)\,(1.053)^{t*} \qquad C.G.R= 5.257$$
$$(0.0217) \qquad C.V=23.972$$

A taxa de crescimento composto da área de cana-de-açúcar em Andhra Pradesh é de 5,26. Cerca de 5,3 por cento da área está a aumentar anualmente em relação ao ano anterior. O coeficiente de variação da área de cana-de-açúcar é de 23,97, o que revela que 24% da variação foi registada na área de cana-de-açúcar no Estado de Andhra Pradesh.

4.3 Taxas de crescimento da área: Período pós-revolução verde (1971-2001).

Rayalaseema-Amendoim:

A equação de regressão linear estimada para a área cultivada com amendoim na região de Rayalaseema é a seguinte

$$Y=634788 + 31632^{*}t \qquad L.G.R=2.7725$$
$$(3720)$$

Os valores entre parênteses correspondem ao erro padrão.
*Significativo ao nível de 5 por cento de probabilidade

Da equação acima, o coeficiente de regressão, ou seja, o valor de "B" é 31632. É positivo e significativo a um nível de probabilidade de 5 por cento. A relação positiva revela uma tendência de aumento da área cultivada com amendoim na região. Em média, 31632 hectares de área de amendoim estão a aumentar todos os anos durante o período pós-revolução verde. Este aumento médio anual da área é significativo. A taxa de crescimento linear estimada é de 2,77. Isto mostra que o crescimento médio anual da área cultivada com amendoim em Rayalaseema é de 2,77%. O valor do termo constante "A" é 634788.

A função exponencial ajustada à área de amendoim na região é

$$Y=(696297)\,(1.0288)^{t*} \qquad C.G.R=\ 2.8756$$
$$(0.0031) \qquad C.V=25.2084$$

A taxa de crescimento composta da área cultivada com amendoim é de 2,88. Isto

significa que o aumento da taxa média anual de crescimento da área em relação ao ano anterior

é de 2,88%. Mais de 25% de instabilidade na área de amendoim foi observada durante o período

pós-revolução verde na região de Rayalaseema.

Rayalaseema-Cana-de-açúcar:

A função de regressão linear estimada é:

$$Y=21333 + 522^{*}t \qquad L.G.R=1.7581$$
$$(118)$$

A equação estimada revela que o coeficiente do tempo é positivo e significativo. Mostra

uma relação positiva entre a área e o tempo. Isto significa que todos os anos, em média, 522

hectares de área estão a aumentar com a cultura da cana-de-açúcar. A taxa de crescimento

registada na área de cana-de-açúcar na região de Rayalaseema é de 1,76. Isto mostra uma média

de 1,76% de crescimento da área de cana-de-açúcar durante o período. O valor do termo de

interceção é 21333.

A equação exponencial estimada é :

$$Y=(22322)\,(1.0165)^{t*} \qquad C.G.R=\ 1.6480$$
$$(0.0035) \qquad C.V=15.9850$$

A taxa de crescimento composto da área de cana-de-açúcar nesta região é de 1,65. Isso

significa que 1,65% da área está a aumentar em relação ao ano anterior. Quase 16% da variação

da área de cana-de-açúcar foi observada na região de Rayalaseema durante o período pós-

revolução verde.

Costa de Andhra - Castanha da Índia:

A equação de regressão linear construída para a área de amendoim na região costeira de Andhra é a seguinte

$$Y = 243538 + 799t \qquad L.G.R = 0.3118$$
$$(1392)$$

Da equação acima, o valor de "B" é 799. Foi observada uma relação positiva insignificante entre o tempo e a área. O co-eficiente das variáveis temporais mostra que o aumento médio anual da área cultivada com amendoim na região costeira durante o período pós-revolução verde. O crescimento médio anual da área cultivada com amendoim é de 0,31%. Foi registado um crescimento insignificante nesta região. O valor do termo de interceção 'A' é 243538.

A equação exponencial estimada é :

$$Y = (240799)(1.0019)^{t} \qquad C.G.R = 0.1883$$
$$(0.0057) \qquad C.V = 2.8352$$

A taxa de crescimento composto da área é de 0,19. Significa que a taxa média anual de crescimento da área está a aumentar em relação ao ano anterior e é de 0,19 por cento. A instabilidade na área de amendoim foi de 2,84% durante o período pós-revolução verde.

Costeira de Andhra-Cana-de-açúcar:

A equação de regressão linear estimada para a área cultivada com cana-de-açúcar na região costeira de Andhra é a seguinte

$$Y = 75712 + 1941^{*}t \qquad L.G.R = 1.8177$$
$$(455)$$

Na equação acima, o coeficiente do tempo é positivo e significativo ao nível de 5% de probabilidade. Verifica-se que o aumento anual da área de cultivo da cana-de-açúcar é de 1941 hectares. Este aumento da área de cana é significativo. O valor da taxa de crescimento linear é 1,82. O crescimento médio anual registado durante o período pós-revolução verde é de 1,82%. O valor de "A" é 75712.

A forma exponencial ajustada para a área de cana-de-açúcar é :

$$Y=(78473)\,(1.0177)^{t*} \qquad C.G.R=1.7668$$
$$(4.5760) \qquad C.V=16.5273$$

A taxa de crescimento composto da cana-de-açúcar é de 1,7668. Isto significa que 1,77 por cento da área está a aumentar em relação ao ano anterior. O coeficiente de variação estimado é de 16,53 durante este período. A instabilidade na área de cana na região costeira de Andhra é de 16,53 por cento.

Telangana-amendoim:

A equação de regressão linear calculada é :

$$Y=294825 + 2731t \qquad L.G.R=0.8067$$
$$(2129)$$

Na equação ajustada acima, o coeficiente do tempo é 2731. É positivo e insignificante. Significa que, em média, todos os anos, 2731 hectares de área estão a aumentar durante o período de estudo. O valor da taxa de crescimento linear é de 0,81. Revela que o crescimento médio anual da área de amendoim durante o período pós-revolução verde é de 0,81%. O valor de 'A' é 294825.

A forma exponencial estimada é :

$$Y=(203702)\,(1.0219)^{t} \qquad C.G.R=2.1880$$
$$(0.0192) \qquad C.V=7.335$$

A taxa de crescimento composto do amendoim é de 2,19 por cento. Isto significa que cerca de 2,2 por cento da área está a aumentar anualmente em relação ao ano anterior. O coeficiente de variação estimado é de 7,33, ou seja, registou-se uma instabilidade de 7,3 por cento na área de amendoim durante o período na região de Telangana.

Telangana-Cana-de-açúcar:

A equação de regressão linear ajustada é :

$$Y = 45871 + 254t \qquad \text{L.G.R} = 0.5087$$
$$(2813)$$

Da equação de regressão acima apresentada, o valor de "B" é 254. É positivo e insignificante. Foi observada uma relação positiva entre o tempo e a área de cana-de-açúcar. Em média, a cada ano, 254 hectares de área de cana-de-açúcar estão aumentando. A taxa de crescimento linear é estimada e é de 0,51. Isto significa que o crescimento anual durante o período pós-revolução verde é de 0,51 por cento. O valor do termo de interceção "A" é 45871.

A equação de regressão estimada de forma exponencial é:

$$Y = (43067)(1.0069)^{t} \qquad \text{C.G.R} = 0.6857$$
$$(0.0061) \qquad \text{C.V} = 4.6253$$

A taxa de crescimento composto da área cultivada com cana-de-açúcar é de 0,69%. Em média, registou-se um aumento de 0,69% na área de cana-de-açúcar em relação à anterior durante o período pós-revolução verde. O coeficiente de variação da área de cana-de-açúcar é de 4,62%, ou seja, foi registada uma instabilidade de 4,63% na área de cana.

Andhra Pradesh - Castanha da Índia:

A equação de regressão linear ajustada é:

$$Y = 1220744 + 33113^{*}t \qquad \text{L.G.R} = 1.8916$$
$$(6508)$$

Na equação acima, o valor de 'B' mostra uma relação positiva e significativa entre a área e o período de tempo. O valor de B é 33113, ou seja, por cada ano aumentará 33113 hectares de área de amendoim. Este aumento é significativo. O valor da taxa de crescimento linear é de 1,89. O crescimento médio anual durante o período pós-revolução verde é de cerca de 1,9 por cento. O valor da constante ou termo de interceção é 1220744.

A equação exponencial ajustada é:

$$Y = (1246848)(1.0196)^{t*} \qquad \text{C.G.R} = 1.9624$$
$$(0.0037) \qquad \text{C.V} = 17.1982$$

A taxa de crescimento composto da área cultivada com amendoim é de 1,96. Isto significa que o crescimento médio anual da área em relação ao ano anterior é de 1,96%. O valor

do coeficiente de variação é 17,1982, o que indica que há 17,2 por cento de instabilidade na

área de amendoim.

Andhra Pradesh - cana-de-açúcar:

A equação de regressão linear calculada é:

$$Y = 141647 + 2834^* t \qquad L.G.R = 1.5157$$
$$(700)$$

Na equação de regressão acima, o coeficiente do tempo é 2834. É positivo e

significativo. Por conseguinte, observou-se uma tendência de aumento significativo da área de

cana-de-açúcar no Estado. medida que o período de tempo aumenta, a área de 2834 hectares

está a aumentar durante o período pós-revolução verde no Estado de Andhra Pradesh. A taxa

de crescimento linear estimada é de 1,52. Isto mostra que o crescimento médio anual durante

todo o período é de 1,52%. O valor da constante A é 141647.

A forma exponencial estimada é:

$$Y = (144053)(1.0151)^{t*} \qquad C.G.R = 1.5062$$
$$(0.0035) \qquad C.V = 13.7814$$

A taxa de crescimento composto da área de cana-de-açúcar é de 1,51%. O crescimento

médio anual da área de cana em relação ao ano anterior é de 1,51%. O coeficiente de variação

da área de cana-de-açúcar é de 13,78. Registou-se uma instabilidade de cerca de 13,8% na cana-

de-açúcar durante o período pós-revolução verde no Estado de Andhra Pradesh.

4.4 Taxas de crescimento do produto: Período pré-revolução verde (1960-1971). Rayalaseema - Castanha:

A equação de regressão linear estimada para a produção de amendoim na região de

Rayalaseema é a seguinte

$$Y = 392429 + 25131^* t \qquad L.G.R = 4.626$$
$$(9064)$$

Os valores entre parênteses correspondem ao erro padrão

* Significativo ao nível de 5 por cento de probabilidade.

O desempenho da produção é semelhante ao da área de amendoim em Rayalaseema. O valor de "B" na equação ajustada é 25131. O seu valor é positivo e significativo. Em média, a produção de 25131 quintais de amendoim está a aumentar anualmente durante o período anterior à revolução verde. A taxa de crescimento linear estimada é de 4,63. Isto indica-nos que o crescimento médio anual da produção de amendoim é de 4,63%. O valor do termo de interceção "A" é 392429.

A forma exponencial ajustada é:

$$Y = (389164)(1.052)^{t*} \qquad C.G.R = 5.246$$
$$(0.01877) \qquad C.V = 22.607$$

A taxa composta de crescimento da produção da cultura do amendoim é positiva, ou seja, 5,25 por cento. Isto significa que o crescimento médio anual da produção de amendoim em relação ao ano anterior é de 5,25 por cento. Quase 22,6% da instabilidade na produção de amendoim foi observada durante o período pré-revolução verde na região de Rayalaseema.

Rayalaseema-Cana-de-açúcar:

A equação de regressão linear ajustada para a produção de cana-de-açúcar na região de Rayalaseema é a seguinte

$$Y = 128174 + 5528t \qquad L.G.R = 3.4263$$
$$(3372)$$

A partir da equação acima, o co-eficiente de regressão estimado do tempo é 5528. É positivo. Revela que existe uma tendência crescente na produção de cana-de-açúcar. Numericamente, em média, 5528 toneladas de produção de cana-de-açúcar estão a aumentar todos os anos durante o período de estudo. Mas este aumento na produção não é significativo. A taxa de crescimento linear calculada é de 3,43%. Isto mostra que o crescimento anual da produção de cana é de 3,43%. O valor de "A" é 128174.

A equação exponencial estimada da produção de cana-de-açúcar é :

$$Y = (126042)(1.037)^{t*} \qquad \text{C.G.R} = 3.7351$$
$$\qquad\quad (0.0157) \qquad\qquad \text{C.V} = 23.6994$$

A taxa de crescimento composto da produção de cana-de-açúcar é de 3,73. Isto significa que o crescimento anual da produção de cana-de-açúcar em relação ao ano anterior é de 3,73%. Durante o período anterior à revolução verde, observa-se que há uma variação de 23,7% na produção de cana-de-açúcar na região de Rayalaseema, em Andhra Pradesh

Costa de Andhra - Castanha da Índia:

A equação de regressão linear calculada para a produção de amendoim é a seguinte

$$Y = 118743 + 9112^{*}t \qquad \text{L.G.R} = 5.2542$$
$$\qquad\quad (819)$$

Da equação acima, o coeficiente do tempo é positivo e significativo a um nível de probabilidade de 5%. Foi observado um aumento significativo da produção de amendoim na região costeira de Andhra. Em média, todos os anos, a produção de amendoim aumentou 9112 quintais durante o período anterior à revolução verde. A taxa de crescimento linear calculada é de 5,25 por cento. O crescimento anual da produção de amendoim é de 5,25 por cento. O valor do termo de interceção é 118743.

A equação exponencial estimada é:

$$Y = (124296)(1.054)^{t*} \qquad \text{C.G.R} = 5.4431$$
$$\qquad\quad (0.0048) \qquad\qquad \text{C.V} = 18.0493$$

A função logarítmica acima descrita revela que a relação entre a variável independente tempo e a variável dependente produção de amendoim é positiva e significativa. A taxa de crescimento composta da produção de amendoim é de 5,44. Isto significa que o crescimento médio anual da produção em relação ao ano anterior é de 5,44%. Observou-se mais de 18% de instabilidade na produção de amendoim durante o período anterior à revolução verde na região costeira de Andhra.

Costa de Andhra-Cana-de-açúcar:

A função de regressão linear calculada é:

$$Y = 445279 + 23381^* t \qquad L.G.R = 3.9934$$
$$(7777)$$

A equação estimada revela que o co-eficiente do tempo é positivo e significativo. Este valor positivo e significativo indica-nos que existe um aumento significativo da produção de cana-de-açúcar na região. O co-eficiente de regressão estimado da variável tempo é 23381. Todos os anos, 23381 toneladas de produção de cana-de-açúcar estão a aumentar na região. A taxa de crescimento linear é de 3,9934, o que expressa que o crescimento médio da produção durante o período inicial é de 3,99 por cento. O valor de "A" é 445279.

A forma de produção exponencial calculada é:

$$Y = (445205)(1.044)^{t^*} \qquad C.G.R = 4.3772$$
$$(0.0137) \qquad C.V = 18.7092$$

A taxa de crescimento composta da produção de cana-de-açúcar é de 4,38%. Isto significa que cerca de 4,38% da produção está a aumentar, em média, em relação ao ano anterior. O coeficiente de variação da produção de cana-de-açúcar é de 18,71% durante o período de estudo.

Telangana-Amendoim:

A equação de regressão linear estimada é :

$$Y = 51201 + 18988^* t \qquad L.G.R = 11.4993$$
$$(3228)$$

Na equação ajustada acima, o valor de "B" é 18988. Verifica-se que existe uma relação positiva e significativa entre a produção e a variável tempo. Isto significa que, por cada período de um ano, 18988 quintais de produção estarão a aumentar durante o período anterior à revolução verde. A taxa de crescimento linear é de 11,50. Isto indica que o crescimento médio anual da produção de amendoim durante o período de estudo é de 11,5 por cento. A constante ou termo de interceção é 51201.

A equação exponencial estimada é

$$Y=(71477)(1.1323)^{t*} \qquad C.G.R=13.2472$$
$$(0.0216) \qquad C.V=42.8123$$

A taxa de crescimento composta da produção da cultura do amendoim é de 13,25. Isto significa que o crescimento médio anual da produção de amendoim na região de Telangana em relação ao ano anterior é de 13,25 por cento. O C.V. é de 42,81. Significa que se registou 42,8% de instabilidade na produção de amendoim.

Telangana-Cana-de-açúcar:

A equação de regressão linear calculada é:

$$Y=263594 - 2229t \qquad L.G.R= - 0.8913$$
$$(5571)$$

O valor estimado de "B" é negativo, (- 2229) e insignificante. Isto indica que se registou uma tendência decrescente insignificante na produção de cana-de-açúcar na região. Em média, a produção de cana-de-açúcar registou uma diminuição de 2229 toneladas. A taxa de crescimento linear estimada é de -0,89. Isto diz-nos que a diminuição média anual da produção de cana-de-açúcar é de 0,9 por cento. Observou-se um crescimento negativo e insignificante da produção de cana-de-açúcar. O valor do termo de interceção "A" é 263594.

A função exponencial calculada é:

$$Y=(260257)(0.990)^{t} \qquad C.G.R= - 1.002$$
$$(0.0210) \qquad C.V=22.3512$$

A taxa de crescimento composta da produção de cana é negativa, (-1,0020). A taxa de crescimento negativa revela que a produção de cana-de-açúcar está a diminuir todos os anos, mais de 1 por cento, em relação ao ano anterior. O coeficiente de variação da produção de cana-de-açúcar é de 22,35. Mais de 22% de instabilidade foi registada durante o período anterior à revolução verde na região de Telangana.

Andhra Pradesh - Castanha da Índia:

A equação de regressão linear ajustada para o amendoim é a seguinte

$$Y = 509325 + 54665^{*}t \qquad L.G.R = 6.5493$$
$$(11450)$$

A partir da função acima, o coeficiente de regressão do tempo é 54665. É positivo e significativo. Observou-se uma tendência significativa para o aumento da produção de amendoim em Andhra Pradesh. Em média, a produção anual de 54665 quintais de amendoim está a aumentar. A taxa de crescimento linear estimada é de 6,55. Isto significa que o crescimento médio anual da produção de amendoim durante o período anterior à revolução verde é de 6,55%. O valor do termo de interceção é 509325.

A equação exponencial estimada é

$$Y = (551217)(1.0673)^{t^{*}} \qquad C.G.R = 6.6862$$
$$(0.0141) \qquad C.V = 25.5731$$

A taxa de crescimento composta calculada da produção de amendoim em Andhra Pradesh é de 6,69. Revela um aumento de quase 6,69% da produção em relação ao ano anterior. O coeficiente de variação da produção foi de 25,57. A instabilidade na produção de amendoim foi de 25,57%.

Andhra Pradesh-Cana-de-açúcar:

A equação de regressão linear estimada é a seguinte

$$Y = 861248 + 24313^{*}t \qquad L.G.R = 2.4143$$
$$(13407)$$

Na equação ajustada acima, o coeficiente do tempo é 24313. É positivo e significativo ao nível de 5 por cento de probabilidade. Foi observada uma tendência crescente significativa na produção de cana-de-açúcar no Estado. Isto significa que a produção de cana-de-açúcar está a aumentar 24313 toneladas por ano. O valor da taxa de crescimento linear é de 2,41. Revela que o crescimento médio anual da produção de cana-de-açúcar durante o período de estudo é superior a 2,4 por cento. O valor do termo de interceção é 861248.

A forma exponencial estimada para a produção de cana-de-açúcar é :

$$Y=(854718)\,(1.0262)^{t*} \qquad C.G.R=2.5643$$
$$\qquad (0.0102) \qquad\qquad C.V=16.331$$

A taxa de crescimento composta da produção de cana-de-açúcar é de 2,56%. Isto revela

que 2,56% da produção está a aumentar em relação ao ano anterior em todo o estado de Andhra

Pradesh. A instabilidade da produção de cana-de-açúcar em Andhra Pradesh foi registada em

16,33%.

4.5 Taxas de crescimento da produção: Período pós-revolução verde (1971-2001) Rayalaseema-Groundnut:

A equação de regressão linear ajustada é:

$$Y=528733 + 25882^{*}t \qquad L.G.R=2.7451$$
$$\qquad (7776)$$

Os valores entre parênteses correspondem ao erro padrão
* Significativo ao nível de 5 por cento de probabilidade.

A equação estimada revela que o coeficiente do tempo é positivo e significativo. Isto

significa que a produção anual de 25882 quintais de amendoim, em Rayalaseema, está a

aumentar durante o período pós-revolução verde. Observa-se um crescimento de 2,75 por cento

na produção de amendoim pelo valor da taxa de crescimento linear. Isto mostra que o

crescimento médio anual durante o período pós-revolução verde é de quase 2,75 por cento. O

valor do termo de interceção é 528733.

A equação exponencial estimada é:

$$Y=(533046)\,(1.0277)^{t*} \qquad C.G.R=2.7722$$
$$\qquad (0.0188) \qquad\qquad C.V=24.9592$$

A taxa de crescimento composto do amendoim na região é de 2,77. Isto significa que se

registou um crescimento superior a 2,77% na produção de amendoim em relação ao ano

anterior. Quase 25% da instabilidade na produção de amendoim foi observada durante o período

pós-revolução verde na região de Rayalaseema.

Rayalaseema-Cana-de-açúcar:

A equação de regressão linear estimada para a produção da cultura da cana-de-açúcar em Rayalaseema é a seguinte

$$Y = 161842 + 4640^* t \qquad L.G.R = 1.9655$$
$$(1158)$$

Da equação acima, o coeficiente de regressão, ou seja, o valor de "B" é 4640. É positivo e significativo a um nível de probabilidade de 5 por cento. Revela que existe uma tendência significativa para o aumento da produção de cana-de-açúcar na região. Em média, 4640 toneladas de produção de cana-de-açúcar estão a aumentar todos os anos durante o período de estudo. A taxa de crescimento linear estimada é de 1,97. Isto mostra que o crescimento médio anual da produção de cana-de-açúcar em Rayalaseema é de 1,97%. O valor do termo constante A é 161842.

A forma exponencial estimada é:

$$Y = (173724)(1.0173)^{t^*} \qquad C.G.R = 1.7282$$
$$(0.0045) \qquad C.V = 17.8706$$

A taxa de crescimento composto da produção de cana-de-açúcar é de 1,73%. O crescimento médio anual em relação ao ano anterior da produção de cana-de-açúcar é de 1,73% na região de Rayalaseema. De acordo com o valor da C.V., 17,87% da instabilidade na cana-de-açúcar foi registada durante o período pós-revolução verde.

Costa de Andhra - Castanha da Índia:

A equação de regressão linear calculada é

$$Y = 222810 + 3316^* t \qquad L.G.R = 1.2021$$
$$(1602)$$

Na equação ajustada acima, o coeficiente do tempo é 3316. O coeficiente temporal é positivo e significativo. A produção de amendoim na região costeira está a aumentar significativamente. Significa que, de ano para ano, a produção de amendoim aumentou 3316 quintais durante o período pós-revolução verde. O crescimento médio anual durante este período é de cerca de 1,20 por cento. O valor constante ou do termo de interceção é 222810.

A equação de produção log-linear calculada é:

$$Y = (215866)(1.0122)^{t*} \qquad C.G.R = 1.2220$$
$$(0.0046) \qquad C.V = 10.9291$$

A taxa de crescimento composta da produção da cultura do amendoim é de 1,22%. Revela que o aumento do crescimento médio anual em relação ao ano anterior é superior a 1,22%. O coeficiente de variação é de 10,93%.

Isto significa que se registou quase 10,93% de instabilidade na produção de amendoim.

Costa de Andhra-Cana-de-açúcar:

A regressão linear ajustada é:

$$Y = 628139 + 8384^{*}t \qquad L.G.R = 1.0992$$
$$(3066)$$

A partir da equação acima, o coeficiente de regressão do tempo é 8384. É positivo e significativo. Constata-se uma tendência de aumento significativo da produção de cana-de-açúcar nesta região. Todos os anos, 8384 toneladas de produção de cana-de-açúcar aumentaram durante o período pós-revolução verde. A taxa de crescimento linear estimada é de 1,10. Isto mostra que o crescimento médio anual da produção de cana-de-açúcar durante o período é de cerca de 1,1 por cento. O valor de "A" é 628139.

A função exponencial estimada da cana-de-açúcar é:

$$Y = (631997)(1.0104)^{t*} \qquad C.G.R = 1.0433$$
$$(0.0041) \qquad C.V = 10.00$$

A taxa de crescimento composto da produção de cana-de-açúcar expressa que o crescimento médio anual da produção de cana em relação ao ano anterior é de 1,04%. O coeficiente de variação da produção é de 10,00 por cento. A instabilidade na produção de cana-de-açúcar durante o período pós-revolução verde é de 10% na região costeira de Andhra.

Telangana-Amendoim:

A equação de regressão linear calculada é:

$$Y = 210812 + 4419^* t \qquad L.G.R = 1.5697$$
$$(1623)$$

Da equação acima, o valor de "B" é 4419. O coeficiente do tempo é positivo e significativo a um nível de probabilidade de 5 por cento. Na região de Telangana, a produção de amendoim está a aumentar significativamente. Todos os anos, em média, 4419 quintais de produção aumentam durante o período pós-revolução verde. A taxa de crescimento linear estimada é de 1,57%. Indica que o crescimento médio anual da produção da cultura do amendoim é de 1,57%. O valor do termo constante A é 210812.

A equação exponencial estimada é:

$$Y = (207356)(1.0165)^{t^*} \qquad C.G.R = 1.6487$$
$$(0.0057) \qquad C.V = 14.2723$$

A taxa de crescimento composto da produção é de 1,65. Isto significa que o crescimento médio da produção de amendoim está a aumentar 1,65% em relação ao ano anterior. A partir do valor de C.V, observou-se uma variação de mais de 14,27% na produção de amendoim durante o período pós-revolução verde na região de Telangana.

Telangana-Cana-de-açúcar:

A equação de regressão linear construída para a produção de cana-de-açúcar na região de Telangana é a seguinte

$$Y = 359765 - 1273 t \qquad L.G.R = -0.3751$$
$$(2341)$$

Na equação acima estimada, o coeficiente do tempo é negativo e insignificante. Verifica-se uma tendência decrescente insignificante na produção de cana-de-açúcar na região de Telangana de Andhra Pradesh. Todos os anos, a produção de cana-de-açúcar está a diminuir em 1273 toneladas. A taxa de crescimento linear é de -0,38. Isto significa que a diminuição média anual da produção de cana-de-açúcar é de 0,38% durante o período pós-revolução verde. O valor de "A" é 359765.

A função exponencial estimada é:

$$Y = (328599)\,(0.9988)^t \qquad C.G.R = -0.1244$$
$$(0.0070) \qquad C.V = 3.410$$

A taxa de crescimento composta da cana-de-açúcar é de -0,12. Mais de 0,12 por cento de crescimento negativo foi observado na produção de cana-de-açúcar em relação ao ano anterior nesta região. O coeficiente de variação calculado é de 3,41%. Assim, verifica-se que a instabilidade na produção de cana-de-açúcar é de 3,41%.

Andhra Pradesh - Castanha da Índia:

A equação de regressão linear ajustada da produção é:

$$Y = 991457 + 33367^*t \qquad L.G.R = 2.1875$$
$$(9421)$$

Na equação ajustada acima, o coeficiente do tempo é 33367. É positivo e significativo ao nível de 5 por cento de probabilidade. A produção média anual de amendoim está a aumentar significativamente no período de estudo. Em média, todos os anos, 33367 quintais de produção de amendoim aumentaram. A taxa de crescimento linear é de 2,19%. Isto revela que o crescimento médio anual durante o período pós-revolução verde é de 2,19%. O valor de "A" é 991457.

O modelo log-linear estimado é:

$$Y = (1012460)\,(1.0222)^{t*} \qquad C.G.R = 2.2204$$
$$(0.0063) \qquad C.V = 19.8893$$

A taxa de crescimento composto da cana-de-açúcar é de 2,22%. Isto significa que, em média, 2,22% da produção de amendoim está a aumentar em relação ao ano anterior. O coeficiente de variação estimado é de 19,89% durante este período. A instabilidade da produção de amendoim no Estado de Andhra Pradesh foi registada em 19,89%.

Andhra Pradesh-Cana-de-açúcar:

A equação de regressão linear calculada é:

$$Y = 1133412 + 12516^{*}t \qquad L.G.R = 0.9384$$
$$(5514)$$

A partir da equação acima, o coeficiente de regressão "B" é positivo e significativo. Observou-se uma tendência significativa para o aumento da produção de cana-de-açúcar no Estado. O aumento médio anual da produção de cana-de-açúcar é de 12516 quintais. A taxa de crescimento linear estimada é de 0,94%. Isto significa que o crescimento médio anual durante o período de estudo em Andhra Pradesh é de 0,94%. O valor do termo de interceção "A" é 1133412.

A forma exponencial estimada é:

$$Y = (1137398)(1.0087)^{t^{*}} \qquad C.G.R = 0.8692$$
$$(0.0042) \qquad C.V = 8.5324$$

A taxa de crescimento composto da produção é de 0,87%, o que mostra que o crescimento médio anual da produção de cana-de-açúcar em relação ao ano anterior é de 0,87% durante o período pós-revolução verde no estado de Andhra Pradesh. O coeficiente de variação da produção de cana-de-açúcar é de 8,53%. Mais de 8,53% da variação da produção foi observada em todo o estado de Andhra Pradesh.

4.6 Taxas de crescimento do rendimento: Período pré-revolução verde (1960-1971).
Rayalaseema-Amendoim:

A equação de regressão linear estimada é a seguinte

$$Y = 800 - 0.5091t \qquad L.G.R = -0.0643$$
$$(10)$$

Os valores entre parênteses correspondem ao erro padrão * Significativo a um nível de probabilidade de 5 por cento

O valor de "B" é negativo (-0,5091) mas não significativo. O sinal negativo de B indica que há uma tendência decrescente no rendimento do amendoim durante o período pré-revolução verde. Em média, cerca de 0,51 quilogramas de rendimento de amendoim estão a diminuir todos os anos durante o período de estudo, mas esta diminuição não é significativa. A taxa de crescimento linear estimada é de -0,0643. Revela que a diminuição média anual do rendimento do amendoim foi de 0,06 por cento. O valor do termo de interceção 'A' é 800.

A forma exponencial estimada é:

$$Y=(786)\,(1.001)^t \qquad C.G.R=0.1242$$
$$(0.0125) \qquad C.V=11.9273$$

A taxa de crescimento composta do amendoim é positiva, ou seja, 0,12. Isto significa que a taxa média de crescimento anual do rendimento do amendoim em relação ao ano anterior é de 0,12 por cento. O coeficiente de variação do rendimento do amendoim é de 11,93% durante o período anterior à revolução verde na região de Rayalaseema.

Foi registada uma instabilidade de cerca de 11,93% no rendimento do amendoim na região.

Rayalaseema-Cana-de-açúcar:

A forma de regressão linear ajustada do rendimento da cana-de-açúcar é:

$$Y=8578 - 100^*t \qquad L.G.R= - 1.2463$$
$$(34)$$

A equação estimada revela que o coeficiente do tempo (-100) é negativo e significativo. O coeficiente temporal negativo e significativo exprime uma tendência decrescente significativa do rendimento da cana-de-açúcar durante o período anterior à revolução verde na região de Rayalaseema de Andhra Pradesh. Significa que, todos os anos, a produção de 100 kg de cana-de-açúcar está a diminuir. Esta diminuição do rendimento da cana também é significativa. A taxa de crescimento linear é de -1,25 por cento. Observou-se uma diminuição ou um crescimento negativo no caso do rendimento da cana na região, ou seja, 1,25 por cento. O valor de 'A' é 8587.

A forma exponencial calculada é:

$$Y=(8609)\,(0.9872)^{t*} \qquad C.G.R= -1.2643$$
$$(0.0044) \qquad C.V= 5.9553$$

A taxa de crescimento composto da cana-de-açúcar é de -1,26. Isso significa que 1,26%

do rendimento está diminuindo a cada ano em relação ao ano anterior. O coeficiente de variação

estimado da produção de cana-de-açúcar é de 5,99%. A instabilidade no rendimento da cana-

de-açúcar é de quase 6%.

Costa de Andhra - Castanha da Índia:

A equação de regressão linear estimada para o rendimento do amendoim é a seguinte

$$Y=906 - 6.4091t \qquad L.G.R= -0.7392$$
$$(6)$$

Na equação ajustada acima, o valor de "B" é -6,4091. É negativo e insignificante.

Significa que mais de 6 Kgs. de rendimento de amendoim estão a diminuir anualmente, durante

o período de estudo. Mas esta diminuição do rendimento do amendoim não é significativa. A

taxa de crescimento linear é estimada e é de -0,74 por cento. Observa-se que a diminuição média

anual do rendimento do amendoim é de 0,74%, ou seja, foi registada uma taxa de crescimento

negativa insignificante. O valor do termo de interceção 'A' é 906.

A equação exponencial estimada é:

$$Y=(902)\,(0.993)^{t} \qquad C.G.R= -0.6964$$
$$(0.0066) \qquad C.V= 7.1234$$

A taxa composta de crescimento do rendimento da cultura do amendoim é negativa, ou

seja, - 0,70. Isto significa que a diminuição média anual do crescimento do rendimento do

amendoim em relação ao ano anterior é de 0,70 por cento. O C.V é 7,1234. Mais de 7% da

variação do rendimento do amendoim foi observada durante o período anterior à revolução

verde.

Costeira de Andhra-Cana-de-açúcar:

A equação de regressão linear calculada para o rendimento da cana-de-açúcar na região costeira de Andhra é a seguinte

$$Y = 8496 - 50.6636t \qquad L.G.R = -0.6183$$
$$(44)$$

A partir da equação acima, o coeficiente de regressão do tempo, ou seja, o valor de "B" é -50,6636. É negativo e insignificante. Revela uma tendência decrescente no rendimento da cana-de-açúcar na região. Numericamente, em média, quase 51 kg de rendimento de cana-de-açúcar estão a diminuir todos os anos durante o período de estudo. A taxa de crescimento linear é estimada e é de -0,62 por cento. Foi registado um crescimento decrescente no rendimento da cana. A diminuição média anual da produção de cana é de 0,62%. O valor do termo de interceção é 8496.

A equação exponencial estimada do rendimento é:

$$Y = (8506)\,(0.993)^{t} \qquad C.G.R = -0.6512$$
$$(0.0055) \qquad C.V = 5.7293$$

A taxa de crescimento composto do rendimento da cana-de-açúcar é -0,65. Isto significa que a diminuição do crescimento do rendimento da cana em relação ao ano anterior é de 0,65 por cento. Quase 5,73% de variação na produção de cana-de-açúcar foi observada durante o período de pré-revolução verde na região costeira de Andhra. Foi registada uma instabilidade de quase 5,73% no rendimento da cana.

Telangana-Amendoim:

A equação de regressão linear ajustada é:

$$Y = 631 + 1.2818t \qquad L.G.R = 0.2012$$
$$(13)$$

A partir da equação acima, o valor de B é 1,2818. É positivo mas não significativo. Em média, o rendimento de 1,2818 kg de amendoim está a aumentar todos os anos durante o período de estudo. A taxa de crescimento linear estimada é de 0,2012, ou seja, o crescimento médio anual do rendimento do amendoim é de 0,21 por cento. O valor do termo de interceção 'A' é 631.

A equação exponencial estimada é:

$$Y=(613)\,(1.003)^{t} \qquad C.G.R=0.3213$$
$$(0.0225) \qquad C.V=20.9001$$

A taxa de crescimento composto do rendimento é de 0,32. Isto significa que o crescimento médio anual do rendimento do amendoim está a aumentar 0,32% em relação ao ano anterior. Quase 21% da instabilidade do rendimento do amendoim foi observada durante o período anterior à revolução verde na região de Telangana.

Telangana-Cana-de-açúcar:

A equação de regressão linear estimada para a produtividade da cana-de-açúcar é

$$Y=9454\ -\ 233t \qquad L.G.R=\ -\ 2.8953$$
$$(190)$$

A equação acima revela que o coeficiente de tempo é negativo e insignificante. Todos os anos, a produção de 233 kg de cana-de-açúcar está a diminuir. Esta diminuição não é significativa. A taxa de crescimento linear é negativa -2,90. Isto mostra que o crescimento médio anual durante o período anterior à revolução verde está a diminuir em 2,9 por cento. O valor de "A" é 9454.

A forma exponencial calculada é:

$$Y=(8798)\,(0.9802)^{t} \qquad C.G.R=\ -\ 2.0283$$
$$(0.0286) \qquad C.V=25.3552$$

A taxa de crescimento composta da cana-de-açúcar é de -2,03%. Foi registada uma taxa de crescimento negativa. Isto significa que 2,03 por cento da produção de cana-de-açúcar está a diminuir anualmente em relação ao ano anterior. O coeficiente de variação estimado é de 25,36%. Assim, registou-se uma instabilidade de 25,36% no rendimento da cana-de-açúcar na região de Telangana.

Andhra Pradesh - Castanha da Índia:

A equação de regressão linear ajustada é:

$$Y = 747 - 1.6909\,t \qquad L.G.R = -0.2302$$
$$(10)$$

Na equação ajustada acima, o valor de "B" é -1,6909. É negativo e insignificante. Significa que se regista uma tendência decrescente do rendimento do amendoim. A diminuição média anual do rendimento do amendoim em Andhra Pradesh é de 1,6909 Kgs. Esta diminuição do rendimento do amendoim conduz a um crescimento negativo em Andhra Pradesh. A taxa de crescimento linear estimada é de -0,23, ou seja, o crescimento médio anual no período de estudo está a diminuir 0,23%. O valor do termo de interceção "A" é 747.

A equação exponencial estimada é:

$$Y = (737)\,(0.998)^{t} \qquad C.G.R = -0.1632$$
$$(0.0143) \qquad C.V = 12.9564$$

A taxa de crescimento composto do rendimento do amendoim é de -0,16, o que revela uma diminuição anual de mais de 0,16% em relação ao ano anterior durante o período anterior à revolução verde em Andhra Pradesh. O coeficiente de variação do rendimento do amendoim é de 12,96. Cerca de 12,96% da instabilidade do rendimento do amendoim foi registada em Andhra Pradesh.

Andhra Pradesh-Cana-de-açúcar:

A equação de regressão linear calculada é:

$$Y = 8956 - 122.464^{*}t \qquad L.G.R = -1.4902$$
$$(38)$$

Na equação acima ajustada, o coeficiente de 'B' é negativo (-122,464) e significativo a um nível de probabilidade de 5 por cento. Verifica-se que, em média, anualmente, 122,464 kg de produção de cana-de-açúcar estão a diminuir. Esta diminuição é significativa. Foi registada uma taxa de crescimento negativa de -1,49. Isto revela que o crescimento médio anual durante o período de estudo está a diminuir 1,5 por cento. O valor do termo de interceção é 8956.

A equação de rendimento exponencial estimada é:

$$Y=(8977)\,(0.9852)^{t} \qquad \text{C.G.R}= -1.4903$$
$$(0.0048) \qquad\qquad \text{C.V}=6.7802$$

A taxa de crescimento composta da cana-de-açúcar é de -1,49%. Foi registada uma taxa de crescimento negativa. Isto significa que 1,49% da produção de cana-de-açúcar estava a diminuir anualmente em relação ao ano anterior. De acordo com o coeficiente de variação estimado, observou-se uma instabilidade de 6,78% na produção de cana-de-açúcar durante o período em Andhra Pradesh.

4.7 Taxas de crescimento do rendimento: Período pós-revolução verde (1971-2001).

Rayalaseema-Amendoim:

A equação de regressão ajustada é:

$$Y=856 - 1.2098t \qquad \text{L.G.R}= -0.1445$$
$$(4.1703)$$

A partir da equação estimada acima, o coeficiente do tempo é (-1,2098) negativo e insignificante. Isto mostra uma tendência negativa insignificante no rendimento do amendoim. A diminuição média anual do rendimento do amendoim é de 1,2098 por cento. Esta tendência decrescente conduz a um crescimento negativo do rendimento do amendoim. A taxa de crescimento linear calculada é de -0,15, ou seja, a diminuição média anual do crescimento do rendimento é de cerca de 0,15 por cento na região de Rayalaseema. O valor do termo de interceção "A" é 856.

A equação exponencial estimada é:

$$Y=(848)\,(0.9975)^{t} \qquad \text{C.G.R}= -0.2542$$
$$(0.0053) \qquad\qquad \text{C.V}=1.3142$$

A taxa de crescimento composto do amendoim na região é de -0,25. Isto significa que mais de 0,25 por cento do rendimento do amendoim está a diminuir em relação ao ano anterior. A C.V. é de 1,31 por cento. Por conseguinte, observou-se uma instabilidade de 1,31% no rendimento do amendoim durante o período pós-revolução verde na região de Rayalaseema.

Rayalaseema-Cana-de-açúcar:

A equação de regressão linear estimada para o rendimento da cana é a seguinte

$$Y = 7770 + 14.7588t \qquad L.G.R = 0.1843$$
$$(29.8797)$$

A partir da equação acima, o coeficiente de regressão do tempo, ou seja, o valor de "B" é 14,7588. É positivo mas não significativo. Este valor positivo revela que existe uma tendência crescente no rendimento da cana-de-açúcar. Numericamente, em média 14,7588 Kgs. de rendimento de cana aumentaram todos os anos durante o período de estudo. A taxa de crescimento linear é estimada e é de 0,18 por cento. Isto mostra que o crescimento médio anual da produção de cana-de-açúcar em Rayalaseema é de 0,18 por cento. O valor do termo de interceção é 7770.

A equação de regressão log-linear calculada é:

$$Y = (7776)(1.0008)^{t} \qquad C.G.R = 0.0810$$
$$(0.0041) \qquad\qquad C.V = 1.6761$$

Observa-se que a taxa de crescimento composto da produção de cana-de-açúcar é de 0,08 por cento. Pelo valor de C.V, 1,68% de instabilidade no rendimento da cana-de-açúcar foi observado durante o período pós-revolução verde na região de Rayalaseema. **Andhra costeiro - amendoim:**

A equação de regressão linear ajustada é:

$$Y = 894 + 10.687^{*}t \qquad L.G.R = 1.0039$$
$$(1.9877)$$

Na equação acima ajustada, o coeficiente de tempo é 10,687, é positivo e significativo. Foi registada uma tendência significativa de aumento do rendimento do amendoim na região de Coastal Andhra. Significa que, por cada período de um ano, o rendimento do amendoim aumentou 10,687 kg durante o período de estudo. A taxa de crescimento linear é de 1,00. O crescimento médio anual durante o período de estudo é de quase 1,00 por cento. O valor do termo de interceção é 894.

A equação exponencial estimada é:

$$Y=(897)(1.0103)^t \qquad C.G.R=1.0313$$
$$(0.0019) \qquad C.V=9.1273$$

A taxa de crescimento composto do rendimento do amendoim é de 1,03. Isto significa que o crescimento médio anual do rendimento em relação ao ano anterior é de 1,03 por cento. O coeficiente de variação é de 9,13. Significa que se registou 9,13% de instabilidade no rendimento do amendoim.

Costa de Andhra-Cana-de-açúcar:

A equação de regressão linear estimada é:

$$Y=8096-51.343^*t \qquad L.G.R=-0.7057$$
$$(22)$$

A partir da equação de regressão acima, o coeficiente de tempo é (-51,343) negativo e significativo. Uma tendência negativa significativa na produção de cana-de-açúcar foi observada na região. Todos os anos, em média, 51,343 kg de produção de cana-de-açúcar diminuíram durante o período de estudo. A taxa de crescimento linear estimada é de -0,71%, ou seja, o crescimento do rendimento da cana está a diminuir quase 0,71% na região de Coastal Andhra. O valor da constante "A" é 8096.

A função exponencial ajustada é:

$$Y=(8054)(0.9930)^{t^*} \qquad C.G.R=-0.7108$$
$$(0.0033) \qquad C.V=6.4175$$

A taxa de crescimento composto do rendimento da cana é negativa -0,71. Observa-se que foi registado um crescimento decrescente de 0,71% por ano em relação ao ano anterior. O coeficiente de variação do rendimento da cana é de 6,42% durante o período pós-revolução verde. Isto significa que a instabilidade na produção de cana-de-açúcar é de 6,42%.

Telangana-Amendoim:

A equação de regressão linear ajustada do rendimento do amendoim é a seguinte

$$Y = 691 + 7.4725^{*}t \qquad L.G.R = 0.9225$$
$$(2.6967)$$

A partir da equação acima, o coeficiente de tempo é 7,4725 positivo e o período pós-revolução verde na região de Telangana. Em média, 7,4725 Kgs. de rendimento aumentaram durante o período de estudo. Trata-se de um aumento significativo. A taxa de crescimento linear estimada é de 0,92. O crescimento médio anual do rendimento do amendoim é superior a 0,92%. O valor do termo de interceção A é 691.

A equação exponencial calculada é:

$$Y = (613)(1.003)^{t} \qquad C.G.R = 0.3214$$
$$(0.0225) \qquad C.V = 20.9002$$

A taxa de crescimento composto do rendimento do amendoim é de 0,32. Isto significa que o crescimento médio do rendimento está a aumentar 0,32% em relação ao ano anterior. Quase 20,9% da variação do rendimento do amendoim foi observada durante o período pós-revolução verde, ou seja, registou-se uma instabilidade de 20,9% no rendimento do amendoim.

Telangana-Cana-de-açúcar:

A equação de regressão linear estimada para a produtividade da cana-de-açúcar é

$$Y = 8060 - 62.4747t \qquad L.G.R = -0.8849$$
$$(44)$$

Na equação acima, o coeficiente do tempo é negativo (-62,4747) e insignificante. O coeficiente negativo expressa que todos os anos mais de 62 Kgs. de produção de cana-de-açúcar está a diminuir. A taxa de crescimento linear calculada é de -0,88. Mostra um crescimento decrescente do rendimento da cana durante o período de estudo, ou seja, 0,88 por cento. O valor de 'A' é 8060.

A forma exponencial calculada é:

$$Y = (7627)(0.9920)^{t} \qquad C.G.R = -0.8003$$
$$(0.0071) \qquad C.V = 8.0457$$

A taxa de crescimento observada do rendimento da cana-de-açúcar é de -0,80. Isto significa que 0,8 por cento do rendimento está a diminuir anualmente, em relação ao ano anterior. O valor do coeficiente de variação é de 8,05 durante este período. A instabilidade no rendimento da cana na região de Telangana é de 0,81% durante o período pós-revolução verde.

Andhra Pradesh - Castanha da Índia:

A equação de regressão linear calculada é:

$$Y = 810 + 3.1507t \qquad L.G.R = 0.3071$$
$$(38)$$

Na equação ajustada acima, o coeficiente de tempo é 3,1507. Isto mostra que, todos os anos, 3,1507 kg de produção de amendoim estão a aumentar durante o período de estudo. A taxa de crescimento linear estimada é de 0,31 por cento. O crescimento médio anual da produção de amendoim em Andhra Pradesh durante o período de estudo é de cerca de 0,31%. O valor de A é 810.

A equação exponencial estimada é:

$$Y = (805)\,(1.0026)^{t} \qquad C.G.R = 0.2606$$
$$(0.0038) \qquad C.V = 2.7923$$

A taxa de crescimento composta do amendoim é de 0,26 por cento. Isto significa que se registou um crescimento de 2,6 por cento em relação ao ano anterior. O coeficiente de variação estimado é de 2,79 por cento durante este período, ou seja, a instabilidade no rendimento do amendoim é de quase 2,8 por cento.

Andhra Pradesh - cana-de-açúcar:

A forma de regressão linear estimada é:

$$Y = 7942 - 41.7386t \qquad L.G.R = -0.5738$$
$$(27)$$

A partir do formulário acima, o coeficiente de regressão do tempo é -41,7386. É negativo e insignificante. Foi observada uma tendência negativa insignificante no caso do rendimento da cana-de-açúcar em Andhra Pradesh. Em média, anualmente, cerca de 42 kg de produção de cana-de-açúcar diminuíram durante o período de estudo. A taxa de crescimento linear estimada é de -0,57. Isto significa que o crescimento negativo médio, durante o período de estudo, é superior a 0,57 por cento. O valor do termo de interceção 'A' é 7942.

A equação de regressão log-linear estimada é a seguinte

$$Y=(7859)\,(0.9941)^{t} \qquad C.G.R = -\,0.5863$$
$$(0.0040) \qquad C.V=5.2176$$

A taxa de crescimento composto da produção de cana-de-açúcar -0,59 revela que cerca de 0,59% está a diminuir anualmente em relação ao ano anterior. O coeficiente de variação do rendimento da cana é de 5,22%. A instabilidade registada no rendimento da cana durante o período pós-revolução verde é de 5,22% em Andhra Pradesh.

Quadro 4.1

Taxas de crescimento linear da área, produção e rendimento das culturas de amendoim e cana-de-açúcar

Período	Taxa de crescimento linear					
	POMBO			CANA-DE-AÇÚCAR		
	ÁREA	PRODUÇÃO	RENDI MENTO	ÁREA	PRODUÇÃO	RENDI MENTO
Rayalaseema						
Pré-verde	4.94948	4.62640	-0.06389	4.65974	3.42603	-1.24597
Pós-verde	2.77254	2.74509	-0.14455	1.75811	1.96551	0.18434
Litoral A.P						
Pré-verde	5.87376	5.25435	-0.73915	4.95307	3.99286	-0.61845
Pós-verde	0.31178	1.20208	1.00386	1.81768	1.09991	-0.70576
Teangana						
Pré-verde	11.09199	11.49881	0.20074	0.82584	-0.89099	-2.89541
Pós-verde	0.80672	1.56968	0.92250	0.50872	-0.37507	-0.88488
Andhra Pradesh						
Pré-verde	6.44119	6.52860	-0.22954	4.64505	2.41407	-1.48961
Pós-verde	1.89157	2.18753	0.30707	1.51569	0.93844	-0.57376

Fonte: valores estimados a partir de dados secundários.

Quadro 4.2
As taxas de crescimento composto da área, produção e rendimento das culturas de amendoim e cana-de-açúcar

Período	Taxa de crescimento composta					
	POMBO			CANA-DE-AÇÚCAR		
	ÁREA	PRODUÇÃO	RENDI MENTO	ÁREA	PRODUÇÃO	RENDI MENTO
Rayalaseema						
Pré-verde	5.11574	5.24610	0.12401	5.01502	3.73535	-1.26437
Pós-verde	2.87558	2.77224	-0.25417	1.64805	1.72822	0.08097
Costa de Andhra Pradesh						
Pré-verde	6.18253	5.44340	-0.69610	5.26205	4.37661	-0.65128
Pós-verde	0.18833	1.22196	1.03128	1.76677	1.04336	-0.71080
Telangana						
Pré-verde	12.88476	13.24716	0.32103	0.99461	-1.00160	-2.02751
Pós-verde	2.18804	1.64873	1.01278	0.68568	-0.12441	-0.80030
Andhra Pradesh						
Pré-verde	6.86233	6.68629	-0.16284	5.25727	2.56427	-1.48995
Pós-verde	1.96236	2.22040	0.26055	1.96236	2.22040	0.26055

Fonte: valores estimados a partir de dados secundários.

As taxas de crescimento composto de duas culturas comerciais, o amendoim e a cana-de-açúcar, em três regiões do Estado de Andhra Pradesh, são apresentadas no quadro 4.2, para os dois períodos, nomeadamente o período anterior à revolução verde (1960-71) e o período posterior à revolução verde (1971-2001).

A taxa de crescimento composto da superfície cultivada com amendoim é mais elevada no período anterior à revolução verde do que no período posterior à revolução verde, nas três regiões de Andhra Pradesh e no conjunto do Estado. A mesma tendência foi observada no caso da cultura da cana-de-açúcar. A taxa de crescimento composto mais elevada da superfície de amendoim foi registada na região de Telangana (12,88), seguida das regiões de Coastal Andhra e Rayalaseema. Do mesmo modo, a taxa de crescimento composto mais elevada da área de cana-de-açúcar foi registada na região de Coastal Andhra (5,26), seguida das regiões de Rayalseema e Telangana. No caso do Estado no seu conjunto, a taxa de crescimento composto é mais elevada no período anterior à revolução verde do que no período posterior à revolução verde no que respeita a duas culturas comerciais, o amendoim e a cana-de-açúcar.

A taxa de crescimento composto da produção de amendoim é mais elevada no período anterior à revolução verde do que no período posterior à revolução verde nas três regiões de Andhra Pradesh e em todo o Estado. A mesma tendência foi observada no caso da cultura da cana-de-açúcar, exceto na região de Telangana. Tanto o período anterior como o período posterior à revolução verde registaram taxas de crescimento compostas negativas. A taxa de crescimento composta mais elevada da produção de amendoim foi registada na região de Telangana (13,25), seguida das regiões de Coastal Andhra e Rayalaseema. Mas no caso da produção de cana-de-açúcar, a taxa de crescimento composta de

A região de Telangana registou um valor negativo, ou seja, -0,124 no período pós-revolução verde, mas é melhor do que a taxa de crescimento composto da produção do período pré-revolução verde (-1,00). A taxa de crescimento da produção mais elevada foi registada na região de Coastal Andhra (4,38), seguida da região de Rayalaseema no que respeita às taxas de crescimento composto da produção de cana-de-açúcar. No caso do Estado de Andhra Pradesh no seu conjunto, a taxa de crescimento composto da produção é mais elevada no período anterior à revolução verde do que no período posterior à revolução verde, no que respeita a duas culturas comerciais, o amendoim e a cana-de-açúcar.

Não há semelhança entre as taxas de crescimento composto do rendimento e as taxas de crescimento composto da superfície e da produção no que respeita a duas culturas comerciais, o amendoim e a cana-de-açúcar. No que se refere às taxas de crescimento composto do rendimento do amendoim, apenas a região de Telangana registou uma taxa de crescimento positiva em ambos os períodos. No caso do amendoim, registou-se uma taxa de crescimento composta negativa no período pós-revolução verde na região de Rayalaseema e uma taxa de crescimento composta negativa no período pré-revolução verde na região costeira de Andhra. Mas, no caso da cana-de-açúcar, as taxas de crescimento composto registaram taxas de crescimento negativas nos períodos pré e pós-revolução verde, exceto no período pós-revolução verde na região de Rayalaseema.

No caso do Estado no seu conjunto, as taxas de crescimento composto dos rendimentos

são positivas no período pós-revolução verde e as taxas de crescimento composto

negativas no período pré-revolução verde no que respeita a duas culturas comerciais, o

amendoim e a cana-de-açúcar.

CAPÍTULO 5: Resposta da oferta das culturas do amendoim e da cana-de-açúcar

5.1 INTRODUÇÃO:

Para estudar a resposta em termos de área de duas culturas comerciais selecionadas, o amendoim e a cana-de-açúcar, em dois períodos: pré-revolução verde e pós-revolução verde, foram adoptados os modelos de regressão linear logarítmica. O estudo foi efectuado em três regiões, nomeadamente Rayalaseema, Coastal Andhra e Telengana, separadamente, e no conjunto do Estado de Andhra Pradesh. No presente estudo, a variável dependente é a superfície cultivada no ano em curso (At) e as variáveis independentes são o preço da colheita agrícola desfasado (Pt - 1), o rendimento desfasado (Yt - 1), o desvio-padrão do rendimento dos três anos anteriores (σ Pt), o desvio-padrão do rendimento dos três anos anteriores (σ Yt), a superfície irrigada atual (It), a precipitação no ano em curso (Wt) e a superfície do ano desfasado (At-1). Os dados foram introduzidos na equação (4), ou seja, nas funções de resposta da área e os resultados foram apresentados no quadro 5.1 para ambos os períodos. Os coeficientes estimados das variáveis têm implicações diferentes. Os valores de regressão estimados foram analisados em conformidade.

Quadro 5.1

Estimativa das funções de resposta da área das culturas do amendoim e da cana-de-açúcar

REGION/CROP	PERIOD	bo	Pt-1	Yt-1	σ Pt	σYt	It	wt	At-1	R^2	$\bar{R}^2$	F
Rayalaseema Groundnut	Pre-green	28.7687* (3.4552)	0.2207* (0.0816)	0.1367 (0.1543)	0.0844* (0.0180)	-0.2342* (0.0451)	-0.0276 (0.0687)	-0.1944 (0.1233)	-1.1138* (0.2937)	0.9869	0.9563	32.2388*
	Post-green	2.6465 (2.1182)	0.1122 (0.077)	0.0362 (0.0395)	0.0030 (0.0191)	-0.0266 (0.0305)	0.0225* (0.0305)	0.1507* (0.1447)	0.4913* (0.1447)	0.9474	0.9307	56.6529*
Rayalaseema Sugarcane	Pre-green	-2.9327 (2.3726)	-0.0046 (0.0529)	0.2870* (0.1439)	0.0167 (0.0186)	0.0177 (0.0358)	0.9655* (0.0754)	0.1444 (0.1324)	-0.0364 (0.1012)	0.9947	0.9824	80.8390*
	Post-green	6.1724* (2.4331)	-0.0573 (0.0923)	-0.1021 (0.1530)	0.0305 (0.0404)	-0.0262 (0.0551)	0.5130* (0.1742)	-0.2396 (0.1480)	0.1604 (0.1917)	0.7224	0.6341	8.1797*
Coastal Andhra Groundnut	Pre-green	-2.7675 (5.5817)	0.1620 (0.1183)	0.6795 (0.3880)	0.0337 (0.0217)	0.0289* (0.0119)	-0.0868* (0.0435)	0.1203* (0.0342)	0.7867* (0.3059)	0.9936	0.9788	66.8736*
	Post-green	3.6889* (1.1749)	-0.0618* (0.0202)	-0.0243 (0.0483)	-0.0021 (0.0105)	0.0366 (0.0363)	0.3877* (0.0609)	-0.2470* (0.1140)	0.5301* (0.1055)	0.9129	0.8852	32.9583*
Coastal Andhra Sugarcane	Pre-green	-1.5191 (2.5372)	0.0444 (0.0321)	1.1857* (0.2298)	0.0261* (0.0122)	0.1919* (0.0270)	0.1091* (0.0431)	0.0326 (0.0370)	-0.0647 (0.0960)	0.9938	0.9794	68.8837*
	Post-green	5.9346* (2.6489)	-0.1616* (0.0759)	-0.2090 (0.1752)	0.0091 (0.0236)	-0.0061 (0.0376)	0.7953* (0.1926)	-0.0917 (0.1428)	-0.1686 (0.2129)	0.8227	0.7663	14.5844*

REGION/CROP	PERIOD	Bo	Pt-1	Yt-1	σ Pt	σYt	It	wt	At-1	R^2	$\bar{R}^2$	F
Telangana Groundnut	Pre-green	7.9218 (8.9481)	-0.1637 (0.6048)	0.0867 (0.2621)	-0.0013 (0.2148)	0.0582 (0.1984)	0.5034 (0.3081)	-0.2810 (0.6444)	0.1009 (0.6842)	0.9594	0.8645	10.1161*
	Post-green	13.8583 (9.5889)	-0.2866 (0.5788)	-0.0553 (0.4084)	0.2288 (0.3653)	-0.2175 (0.2695)	0.9987 (0.7989)	-1.9199* (0.9148)	0.1918 (0.1992)	0.5468	0.0072	1.0301
Telangana Sugarcane	Pre-green	13.6776* (4.4629)	0.0065 (0.0329)	-0.1689 (0.1321)	-0.0023 (0.0214)	0.0766 (0.0719)	0.3689* (0.1309)	-0.8065* (0.3669)	-0.0683 (0.2374)	0.9141	0.7137	4.5603
	Post-green	-1.2762 (3.0113)	0.0401 (0.0892)	0.4380* (0.1644)	0.0788 (0.0725)	0.0755 (0.0758)	0.0171 (0.0602)	0.2612 (0.2331)	0.4821* (0.1767)	0.4711	0.3029	2.7998*
Andhra Pradesh Groundnut	Pre-green	21.3576 (13.3468)	0.4719* (0.2314)	-0.0108 (0.3271)	0.1029 (0.0638)	-0.1301 (0.0942)	-0.0805 (0.1697)	-0.1791 (0.4286)	-0.5018 (0.8092)	0.9528	0.8428	8.6600
	Post-green	2.9459* (1.6148)	0.0241 (0.0469)	-0.0212 (0.0397)	-0.0172 (0.0257)	-0.0480* (0.0237)	0.2130* (0.0555)	0.0737 (0.0858)	0.5919* (0.1134)	0.9376	0.9177	47.2091*
Andhra Pradesh Sugarcane	Pre-green	-6.6009 (13.4719)	0.1353 (0.2685)	1.4678 (1.1791)	0.0519 (0.0953)	0.2069 (0.1622)	0.4806 (0.2901)	-0.6866 (0.5172)	0.1906 (0.2807)	0.8931	0.6435	3.5788
	Post-green	-0.3776 (3.3048)	-0.0528 (0.0900)	0.3124 (0.1962)	0.0293 (0.0349)	0.0325 (0.0399)	0.3459 (0.2159)	-0.0492 (0.1651)	0.4803* (0.2230)	0.6561	0.5467	5.9957*

Nota: * Significativo ao nível de cinco por cento de probabilidade.
Os valores entre parênteses são os erros-padrão das estimativas.

5.2 REGIÃO DE RAYALASEEMA:

NOZ-DA-TERRA:

A partir da tabela 5.1 acima, o valor do coeficiente de correlação múltipla (R^2) é 0,9869. Observa-se que o efeito combinado de todas as variáveis independentes sobre a variável dependente, a área cultivada com amendoim no período anterior à revolução verde, é de 99%, ou seja, todas as variáveis independentes mostram coletivamente quase 99% da variação da área cultivada com amendoim durante o período anterior à revolução verde na região de Rayalaseema. A partir da estatística do teste F, verifica-se que este efeito coletivo (R^2) das variáveis independentes é significativo. Os coeficientes do preço desfasado (Pt - 1) e do desvio-padrão do preço (σ Pt) revelam um efeito positivo e significativo. Isto indica que a área de amendoim é sensível aos preços. Significa que existe uma relação positiva e significativa entre a área e o preço da cultura do amendoim na região de Rayalaseema. Indica que, à medida que o preço do amendoim aumenta, a área cultivada com amendoim pode ser aumentada pelos seus produtores, ou seja, a área cultivada com amendoim é sensível ao preço. Os coeficientes de σYt e At-1 são negativos e significativos. Isto indica que estas duas variáveis têm um efeito negativo na área de amendoim. O efeito negativo e significativo indica insuficiência na utilização destas variáveis. Os valores negativos e significativos de σYt indicam que, à medida que o risco de rendimento aumenta, a área cultivada com amendoim pode diminuir. Existe alguma margem para aumentar a área cultivada com amendoim reduzindo o risco de rendimento. Da mesma forma, a área do ano desfasado foi maior, automaticamente a área do ano atual diminuiu significativamente. Os coeficientes do rendimento desfasado foram positivos e insignificantes, ao passo que os coeficientes da área irrigada (It) e da precipitação (Wt) foram negativos, o que estabelece uma relação negativa com a área de amendoim, mas foram insignificantes. O termo constante ou interceção é positivo e significativo. O valor da correlação múltipla ajustada (R^2)

é de 0,9563.

Durante o período pós-revolução verde, observa-se que todas as variáveis endógenas (independentes) selecionadas apresentam uma relação positiva com a variável exógena (dependente) área cultivada com amendoim. Os coeficientes das variáveis área irrigada (It) e precipitação (Wt) revelam um efeito positivo e significativo na área cultivada com amendoim na região de Rayalaseema. Isto indica que a área de amendoim é afetada pela irrigação e pela precipitação. O coeficiente da área desfasada (At-1) também é positivo e significativo. Exprime que a área cultivada com amendoim responde à variável independente área desfasada. As variáveis, preço desfasado da cultura (Pt - 1), rendimento desfasado (Yt - 1), risco de preço (σ Pt) também mostram um efeito positivo na área (At), sob amendoim durante o período pós-revolução verde. Os coeficientes da variável risco de rendimento (σ Yt) são negativos e insignificantes. Significa que existe uma relação inversa entre (σ¥ĩ) e a área de amendoim (At) na região de Rayalaseema, ou seja, à medida que o risco no rendimento do amendoim aumenta, a área diminui. O valor do termo constante (2,65) é positivo, mas não significativo. Conclui-se que os produtores de amendoim responderam positivamente ao preço, mas não de forma significativa. A área irrigada e a pluviosidade também tiveram uma resposta significativa. O efeito combinado (R^2) de todas as variáveis independentes na variável dependente é de 95 por cento. Este efeito coletivo na área de amendoim é significativo a um nível de probabilidade de cinco por cento. A partir da estatística do teste F, verifica-se que este efeito coletivo das variáveis independentes é significativo. Verifica-se que todas as variáveis endógenas tiveram uma variação de 95 por cento na variável exógena, a área cultivada com amendoim. O valor da correlação múltipla ajustada (R^2) é de 0,9307.

Comparando as estimativas em ambos os períodos, observa-se um efeito significativo do preço na área de amendoim durante o período da pré-revolução verde, mas apenas positivo durante o período da pós-revolução verde. Os preços do amendoim encorajam os produtores a atribuir mais área à cultura do amendoim no período da Pré-Revolução Verde, mas os preços do amendoim são atractivos mas não encorajam significativamente os produtores no período da Pós-Revolução Verde. Durante o período pós-revolução verde, as variáveis irrigação e precipitação estão a encorajar os produtores de amendoim a atribuir mais área ao amendoim, enquanto estas variáveis mostram um efeito negativo no período pré-revolução verde, mas este efeito negativo é insignificante. Os coeficientes da área desfasada são significativos em ambos os períodos, mas o seu efeito é em direcções opostas. Finalmente, pode concluir-se que o preço é um fator de resposta, durante o período da Pré-Revolução Verde, e as fontes de água são um fator responsável, durante o período da Pós-Revolução Verde, na atribuição da área de cultivo de amendoim aos seus produtores.

<u>CANA-DE-AÇÚCAR:</u>

A partir dos coeficientes de regressão estimados para a cultura da cana-de-açúcar, durante o período anterior à revolução verde, observa-se que a maioria das variáveis independentes selecionadas estabeleceu uma relação positiva com a variável dependente área de cana-de-açúcar, exceto o preço desfasado e a área desfasada na região de Rayalaseema. Os coeficientes da área irrigada (It) e do rendimento desfasado foram positivos e significativos a um nível de probabilidade de cinco por cento. Isto indica que a área de cana-de-açúcar foi positiva e significativamente afetada pela área irrigada e pelo rendimento desfasado da cultura da cana-de-açúcar. Por conseguinte, pode inferir-se que a área de cana-de-açúcar foi afetada principalmente pela área irrigada e pelo rendimento desfasado da cultura. Um aumento na área irrigada aumentará a área total de cana. Da mesma forma, para cada aumento de uma unidade no rendimento desfasado, 0,29 unidades de área de cana foram aumentadas. Os coeficientes de duas variáveis de risco, o desvio-padrão dos preços dos três anos anteriores (σ Pt) e o desvio-padrão do rendimento dos três anos anteriores (cYt), e os coeficientes da precipitação (Wt), também foram positivos e insignificantes. Isto significa que, se todas estas variáveis forem aumentadas, a área cultivada com cana-de-açúcar também aumenta. Este aumento não é significativo. Os coeficientes do preço desfasado (Pt - 1) e da área desfasada (At-1) foram negativos e insignificantes. Isto revela que existe uma relação inversa entre o preço desfasado e a área desfasada com a área de cana-de-açúcar (At) individualmente na região de Rayalaseema. Por cada aumento de uma unidade nestas duas variáveis, a área de cana diminui. Assim, a área de cana não foi sensível ao preço durante o período. O valor do termo constante é -2,93, é negativo e significativo. O efeito combinado de todas as variáveis independentes é de 99 por cento. Este facto é observado pelo valor dos coeficientes de correlação múltipla (R^2). Quase 99,5 por cento da variação na área de cana foi registada por estas variáveis independentes. Este efeito coletivo das variáveis independentes na área de cana-de-açúcar é significativo a um nível de probabilidade de cinco por cento. A partir da estatística do teste F, esta variação foi significativa ao nível de cinco por cento de probabilidade. O valor da correlação múltipla ajustada (R^2) é de 0,9824.

Na tabela 5.1 acima, durante o período pós-revolução verde, o valor dos coeficientes de correlação múltipla (R^2) é 0,7224. Observa-se que o efeito coletivo de todas as variáveis independentes na variável dependente área cultivada com cana-de-açúcar é de 72%. Isso indica que há uma variação de 72% por essas variáveis na área de cana-de-açúcar em Rayalaseema durante o período pós-revolução verde. A partir da estatística do teste F, este efeito coletivo é considerado significativo. Relativamente às variáveis endógenas consideradas no modelo, observou-se que as três variáveis, nomeadamente o risco de preço, a área irrigada e a área desfasada, foram consideradas positivas, mas apenas a variável irrigada mostra um efeito significativo na área de cana. As restantes variáveis apresentam um efeito negativo insignificante na área de cana. O coeficiente da área irrigada mostra um efeito positivo e significativo na área de cana-de-açúcar na região de Rayalaseema. Isto indica que a área de cana-de-açúcar é influenciada significativamente pela área irrigada. Os coeficientes do desvio-padrão do preço dos três anos anteriores (σ Pt) e da área desfasada da cultura da cana-de-açúcar (At-1) tiveram um efeito positivo, mas não significativo. Isto revela que a área do ano atual dependia da área desfasada e que, como o risco de aumento do preço, a área pode ser aumentada apenas três por cento. Os coeficientes do preço desfasado (Pt - 1), do rendimento desfasado (Yt - 1), do desvio padrão do rendimento dos três anos anteriores ($\sigma\backslash\hat{\imath}$) e da precipitação (Wt) mostraram um efeito negativo e insignificante na variável dependente área de cana-de-açúcar (At). Isso significa que há uma relação inversa entre a área de cana-de-açúcar e o preço defasado, o rendimento defasado, o risco de rendimento e a precipitação individualmente. Verifica-se que a área de cana não foi afetada pelo preço desfasado, sendo apenas afetada pela irrigação. O valor do termo constante é 6,17, é positivo e significativo. Mas o termo de interceção mostra um efeito significativo e positivo na área de cana-de-açúcar. Isto significa que o efeito de outras variáveis independentes que não estão a ser consideradas no modelo é significativo na região de Rayalaseema durante o período pós-revolução verde. Isto revela que existe um efeito tecnológico na área de cana na região de Rayalaseema durante o período pós-revolução verde. O valor da correlação múltipla ajustada (R2) é de 0,6341.

Comparando as estimativas durante os períodos pré e pós-revolução verde, observa-se que os coeficientes da área irrigada (It) são positivos e significativos em ambos os períodos. O efeito da produtividade defasada (Yt - 1) na área de cana-de-açúcar foi observado positivo e negativo durante os períodos pré e pós-revolução verde, respetivamente. Pode concluir-se que a área de cana-de-açúcar é afetada pelo risco de rendimento na pré-revolução verde, mas não o é na pós-revolução verde. O efeito do preço na área de cana-de-açúcar foi negativo e insignificante em ambos os períodos. Isto significa que os preços da cana não estavam a encorajar os seus produtores. A precipitação tem efeitos positivos e negativos na área de cana em ambos os períodos, respetivamente. Pode deduzir-se que a precipitação é favorável aos produtores de cana para aumentar a sua área durante o período pré-revolução verde, mas não o é no período posterior. Por último, pode concluir-se que a variável área irrigada (It) é o único fator responsável, em ambos os períodos, pela atribuição de uma maior área à cultura da cana-de-açúcar na região de Rayalaseema. A partir dos valores de interceção, as outras variáveis foram mais responsáveis do que as variáveis originais no aumento da área de cana durante o período pós-revolução verde.

5.3 REGIÃO COSTEIRA DE ANDHRA:

NOZ-DA-TERRA:

A tabela 5.1 revela que o efeito coletivo de todas as variáveis independentes na área de amendoim durante o período pré-revolução verde é de 99%, ou seja, mais de 99% da variação foi observada por todas as variáveis endógenas na área de amendoim. Isso é evidente pelo valor de R^2 (0,9936). A partir do teste F, verifica-se que é significativo. Todas as variáveis independentes selecionadas, exceto a área irrigada, estabeleceram, individualmente, uma relação positiva com a área cultivada com amendoim na região costeira de Andhra Pradesh. Os coeficientes da área irrigada (-0,0868) revelam um efeito negativo e significativo na área de amendoim na região durante o período anterior à revolução verde. Significa que a área irrigada foi insuficiente para a cultura do amendoim. É possível aumentar a área de amendoim fornecendo água de rega suficiente. Os coeficientes do desvio padrão do rendimento e da precipitação dos três anos anteriores revelaram um efeito positivo e significativo na área de amendoim na região costeira de Andhra. A área de amendoim pode ser aumentada através do aumento destas duas variáveis. O coeficiente da área desfasada também é positivo e significativo. Por cada aumento de uma unidade nestas variáveis, a área total de amendoim aumentará 0,03, 0,12 e 0,79 unidades, respetivamente. Este aumento também é significativo. Os coeficientes do preço desfasado (Pt - 1), do rendimento desfasado (Yt - 1) e do desvio padrão anterior aos preços de três anos (σ Pt) têm um efeito positivo e insignificante na área de amendoim na região costeira de Andhra. O valor do termo de interceção é -2,77. O valor da correlação múltipla ajustada $(\bar{R}^2)$ é 0,9307.

Durante o período pós-revolução verde, observa-se que os coeficientes da área irrigada (It) e da área desfasada (At-1) são positivos e significativos. Isto significa que a área irrigada e a área desfasada foram os factores que aumentaram significativamente a área de amendoim na região costeira de Andhra. Um aumento de uma unidade nestas duas variáveis fará aumentar a área de amendoim em 0,39 e 0,53 unidades, respetivamente. O coeficiente das variáveis pluviosidade e preço desfasado mostrou um efeito negativo e significativo na área de amendoim. Uma vez que os seus coeficientes foram negativos e insignificantes (-0,247 e -0,062). Isto significa que as condições climáticas, ou seja, a precipitação e o preço desfasado, não são favoráveis à cultura do amendoim durante o período pós-revolução verde na região costeira de Andhra. Os preços desfasados e as variáveis de precipitação não atraíram os produtores de amendoim para atribuir mais área à cultura. Revela que a estabilidade dos preços e a precipitação atempada podem aumentar a área de amendoim. . Os coeficientes do desvio-padrão do rendimento desfasado (Yt - 1) e do desvio-padrão dos preços dos três anos anteriores foram (-0,024 e -0,0021) negativos e insignificantes. Isto significa que a área de amendoim é afetada negativamente por estas duas variáveis. O coeficiente do risco de rendimento é positivo, ou seja, 0,0366. O termo constante é 3,69, é positivo e significativo. Isto significa que outros factores, que não foram considerados no nosso modelo atual, também influenciam a área de amendoim na região de Coastal Andhra. O valor dos coeficientes de correlação múltipla é de 0,9129. Observa-se que o efeito combinado de todas as variáveis independentes é superior a 91%. Este efeito coletivo das variáveis independentes na área de amendoim é significativo a um nível de probabilidade de cinco por cento. O valor da correlação múltipla ajustada $(\bar{R}^2)$ é 0,8852.

Comparando as estimativas em ambos os períodos, observa-se que a área irrigada apresenta um efeito significativo em ambos os períodos, mas é negativo no período da Pré-Revolução Verde e positivo no período da Pós-Revolução Verde. Isto revela que a irrigação é insuficiente durante o período da Pré-Revolução Verde para a cultura do amendoim. O coeficiente da precipitação também é significativo em ambos os períodos, mas é negativo no período pós-revolução verde. Durante o período pós-revolução verde, a pluviosidade insuficiente ou as chuvas fora de hora levam à diminuição da área de amendoim. Isto significa que as variáveis área irrigada e pluviosidade encorajaram os produtores de amendoim durante os períodos pós e pré-revolução verde, respetivamente. O coeficiente da área desfasada mostra um efeito positivo e significativo na área de amendoim durante os períodos pré e pós-revolução verde. Isto significa que a variável área desfasada está a incentivar os produtores de amendoim em ambos os períodos. O desvio padrão do rendimento dos três anos seguintes ($\sigma Y \tilde{\imath}$), ou seja, o risco de rendimento é positivo em ambos os períodos. Assim, o risco de rendimento e a área de amendoim estão relacionados positivamente. O efeito do preço é negativo e significativo na área de amendoim no período pós-revolução verde. A reação dos preços é inexistente ou não encoraja os produtores. As variáveis independentes, para além das variáveis consideradas, também tiveram uma influência significativa e positiva durante o período pós-revolução verde, mas não no período pré-revolução verde na região costeira de Andhra. Por fim, pode concluir-se que o preço, a área desfasada, a precipitação, a área irrigada e o risco de rendimento são os factores que, em ambos os períodos, dão resposta à afetação da área à cultura do amendoim.

<u>CANA-DE-AÇÚCAR:</u>

No período anterior à revolução verde, o quadro 5.1 mostra que os coeficientes de todas as variáveis independentes, exceto a variável área desfasada, foram positivos na região de Coastal Andhra. Os coeficientes do risco de preço do rendimento desfasado, do risco de rendimento e da área irrigada da cultura da cana-de-açúcar foram positivos e significativos. Um aumento de uma unidade em cada uma destas quatro variáveis aumentará 1,19, 0,03, 0,19 e

0,11 unidades de área de cana, respetivamente. Este aumento é um aumento significativo. Isso significa que o aumento da área de cana-de-açúcar é significativamente influenciado por essas quatro variáveis independentes. Os coeficientes do preço desfasado e da precipitação também influenciaram positivamente a área de cana-de-açúcar, mas não de forma significativa. Apenas quatro por cento e três por cento de aumento na área de cana foram registados por estas duas variáveis. O coeficiente da área desfasada é negativo e insignificante. Foi estabelecida uma relação negativa entre At e At-1. O valor do termo constante é -1,52. As variáveis independentes, que foram consideradas no estudo, influenciaram muito a área de cana-de-açúcar durante o período pré-revolução verde na região costeira de Andhra. Isso é notado pelo valor de R^2. O efeito combinado de todas as variáveis independentes é superior a 99%. Mais de 99% da variação foi registada pelas variáveis selecionadas na área de cana. Este efeito coletivo das variáveis independentes na área da cana-de-açúcar é significativo a um nível de probabilidade de cinco por cento. Este facto é comprovado pela estatística do teste F. O valor da correlação múltipla ajustada (R^2) é de 0,9794.

Durante o período pós-revolução verde, o valor de R^2 é 0,8227. O efeito coletivo de todas as variáveis independentes na variável dependente, a área cultivada com cana-de-açúcar, é observado em 82%, ou seja, mais de 82% da variação na área cultivada com cana foi registada por estas variáveis endógenas. A partir do valor F, verificou-se que esta variação na área de cana é significativa. O valor da correlação múltipla ajustada ($\bar{R}^2$) é 0,7663. O coeficiente de apenas uma variável, ou seja, a área irrigada, é positivo e significativo. Um aumento de uma unidade de área irrigada aumentará a área de cana-de-açúcar em 0,8 unidades, pelo que a área de cana foi respondida apenas pela área irrigada. O coeficiente do risco de preço é positivo mas não significativo. O risco de preço também afecta positivamente a área de cana, mas é insignificante. O coeficiente da variável preço desfasado (Pt - 1) mostra que o efeito do preço desfasado é negativo e significativo. Assim, o preço desfasado está negativamente relacionado com a área de cana-de-açúcar. Este coeficiente negativo e significativo revela que os produtores de cana-de-açúcar não são influenciados pelo preço desfasado da cana-de-açúcar no aumento da área de cana-de-açúcar na região. Ao aumentar o preço da cana, é possível motivar os produtores a alocar mais área. O coeficiente do desvio padrão do preço dos três anos anteriores é positivo, mas insignificante. O efeito do risco de preço na área de cana foi insignificante. Os coeficientes do desvio-padrão do rendimento dos três anos anteriores(σYt), da precipitação (Wt), da área desfasada (At-1) e do rendimento desfasado são negativos e insignificantes. Isto significa que as quatro variáveis independentes acima referidas estão a influenciar negativamente a área de cana-de-açúcar. O valor da constante ou termo de interceção é 5,94. É significativo e positivo. Isto significa que algumas outras variáveis também estão a influenciar a área da cultura da cana-de-açúcar na região costeira de Andhra.

Comparando as estimativas de ambos os períodos, apenas uma variável, ou seja, a área irrigada (It), é a variável dominante na determinação da área cultivada com cana-de-açúcar nos dois períodos. Pode deduzir-se que a área de cana-de-açúcar é altamente influenciada por este facto importante da irrigação. Observa-se que as variáveis risco de preço, risco de rendimento e rendimento desfasado também estão a influenciar a área de cana-de-açúcar durante o período pré-revolução verde, mas não é observado durante o período pós-revolução verde. Os preços da cana-de-açúcar estão a incentivar os produtores a atribuir mais área à cultura da cana-de-açúcar no período da Pré-Revolução Verde. Durante o período pós-revolução verde, há margem suficiente para aumentar a área de cana, oferecendo preços encorajadores aos seus produtores na região costeira de Andhra. O termo constante é positivo e significativo no período pós-revolução verde, o que significa que alguns outros factores também influenciam positivamente a área de cana-de-açúcar. Mas o mesmo não acontece no período anterior à revolução verde. As variáveis independentes yt-1, σPt, σYt e It foram os factores que mais incentivaram os produtores de cana-de-açúcar a aumentar a área no período anterior à revolução verde, mas apenas a área irrigada está a influenciar os produtores de cana-de-açúcar na atribuição de área durante o período posterior à revolução verde na região costeira de Andhra.

5.4 REGIÃO DE TELANGANA:

NOZ-DA-TERRA:

Durante o período anterior à revolução verde, observa-se no quadro 5.1 que os valores de regressão das variáveis $Y_t - 1$, σY_t, It e At-1 foram positivos e as restantes variáveis Pt - 1, σ Pt e Wt foram negativas. Todas estas variáveis selecionadas não mostraram qualquer efeito significativo na área de amendoim na região de Telangana de Andhra Pradesh. Os coeficientes da área desfasada (At-1), do rendimento desfasado (Yt - 1) e do risco de rendimento (σY_t) foram positivos e insignificantes. Assim, estas variáveis estabeleceram uma relação positiva e insignificante com a área de amendoim durante o período anterior à revolução verde na região de Telangana de Andhra Pradesh. Os coeficientes do preço desfasado (Pt - 1), do desvio-padrão dos preços dos três anos anteriores (σ Pt) e da precipitação (Wt) estabeleceram uma relação negativa e insignificante com a área de amendoim. Isto significa que um aumento de uma unidade nestas variáveis diminuirá a área de amendoim em 0,16, 0,001, 0,28 unidades, respetivamente. O termo constante é 7,92, é positivo mas não significativo. O valor de R^2 é 0,9594. O efeito combinado de todas as variáveis independentes é de 96 por cento. O efeito coletivo destas variáveis independentes na área de amendoim é significativo a um nível de probabilidade de cinco por cento. Quase 96 por cento da variação na área de amendoim foi observada por todas as variáveis selecionadas. O valor da correlação múltipla ajustada $(\bar{R}^2)$ é 0,8645.

A partir do quadro 5.1, verifica-se que o efeito coletivo de todas as variáveis endógenas sobre a variável exógena, a área cultivada com amendoim, é de 55% durante o período pós-revolução verde, o que foi revelado pelo valor de R^2. A partir da estatística do teste F, este efeito combinado das variáveis independentes é considerado insignificante. O valor da correlação múltipla ajustada $(\overline{R^2})$ é 0,0072. O termo constante é 13,86, também é positivo mas não significativo. No presente estudo, verifica-se que apenas uma variável independente, a precipitação (Wt), apresenta um efeito negativo e significativo na área de amendoim na região de Teleangana. Um aumento de uma unidade de precipitação diminui a área de amendoim em 1,92 unidades. Este valor negativo e significativo de Wt expressa que a precipitação inadequada conduz a uma diminuição significativa da área de amendoim na região. Por conseguinte, a precipitação atempada conduzirá a um aumento da área de amendoim. O coeficiente das variáveis Risco de preço (σ Pt), Área irrigada (It) e Área desfasada (At-1) foi positivo. Estas variáveis mostram uma relação positiva com a área cultivada com amendoim, mas esta relação não é significativa. O coeficiente do preço desfasado (Pt - 1), o rendimento desfasado (Yt - 1), o risco de rendimento (σYt) foram negativos e insignificantes. A partir desta análise, observa-se que os produtores de amendoim não foram influenciados por estas variáveis. Estas variáveis não incentivam os produtores a afetar a área a esta cultura na região de Telangana.

Comparando os coeficientes de regressão estimados durante os períodos pré e pós-revolução verde, observa-se que a maior parte das variáveis endógenas não mostrou qualquer efeito significativo na área de amendoim nesta região. Sabe-se claramente que as variáveis selecionadas não têm grande influência na área de amendoim. Também é evidente que a precipitação insuficiente ou inoportuna tem um impacto negativo na área durante o período pós-revolução verde. Finalmente, pode notar-se que os produtores de amendoim não eram favoráveis à cultura. No período pós-revolução verde, todas as variáveis independentes tiveram um efeito insignificante na área de amendoim nesta região. As variáveis área desfasada (At-1), área irrigada (It) mostraram algum efeito positivo durante os dois períodos sobre os seus produtores na afetação da área. Os termos constantes também mostram o seu efeito positivo na área de amendoim, ou seja, algumas outras variáveis que não foram consideradas no nosso estudo, estão a influenciar o aumento da área de amendoim

CANA-DE-AÇÚCAR:

A partir do quadro 5.1, observa-se que o valor dos coeficientes de correlação múltipla (R^2) é 0,9141, ou seja, o efeito coletivo de todas as variáveis endógenas sobre a variável exógena, a área cultivada com cana-de-açúcar durante o período anterior à revolução verde, é superior a 91%. Este efeito combinado de todas as variáveis independentes na área de cana-de-açúcar é significativo a um nível de probabilidade de cinco por cento. Este facto é comprovado pela estatística do teste F. O valor da correlação múltipla ajustada (R^2) é de 0,7037. O termo constante é 13,68, é positivo e significativo. Isto significa que algumas outras variáveis, que não foram consideradas no nosso estudo, também influenciaram, coletivamente, a área de cana-de-açúcar na região. O coeficiente da variável independente Área irrigada (It) é positivo e significativo. Existe uma relação positiva e significativa entre a área irrigada e a área de cana. Por cada hectare de aumento em It, 0,3989 unidades de área total de cana podem ser aumentadas. Isto significa que a irrigação é um fator de grande influência na afetação da área à cultura da cana-de-açúcar na região de Telangana. O coeficiente da precipitação (Wt) também é significativo, mas é negativo. A variável precipitação tem um impacto negativo na afetação da área de cana. Cada unidade de aumento da pluviosidade diminui a superfície de cana em 0,81 unidades. A precipitação atempada pode influenciar os produtores de cana-de-açúcar no sentido de afectarem mais área à cana-de-açúcar na região de Telangana durante o período anterior à revolução verde. A variável risco de rendimento (σYt) mostra um efeito positivo e insignificante na área de cana-de-açúcar. Um aumento do risco de rendimento aumentará a área de cana. O coeficiente do preço desfasado (Pt - 1) também é positivo, mas não é significativo. Isto significa que o efeito do preço é também um fator que influencia o cultivo de uma maior área de cana-de-açúcar. Como o coeficiente do preço é um valor desprezível (0,0065), nota-se que não há efeito do preço na área de cana. Os coeficientes das variáveis desvio padrão dos preços dos três anos anteriores $(\sigma p t)$, rendimento desfasado (Yt - 1), área desfasada (At-1) foram negativos e insignificantes. Por conseguinte, estas variáveis mostram um efeito negativo na área de cana-de-açúcar na região de Telangana. Verifica-se que o efeito do preço na afetação da área de cana-de-açúcar é totalmente inexistente, mas a irrigação revela um efeito significativo.

Durante o período pós-revolução verde na região de Telangana, o coeficiente do rendimento desfasado (Yt - 1) e da área desfasada (At-1) é positivo e significativo a um nível de probabilidade de cinco por cento. Isto significa que o rendimento e a área do ano anterior foram os factores que influenciaram o aumento da área de cana-de-açúcar na região de Telangana. Um aumento de uma unidade nestas duas variáveis fará aumentar a área de cana em 0,44 e 0,48 unidades, respetivamente. Todas as restantes variáveis incluídas no modelo estabeleceram uma relação positiva com a variável dependente área de cana-de-açúcar (At). Uma vez que os coeficientes de todas essas variáveis são positivos e insignificantes. De acordo com o teste t, os coeficientes do preço desfasado (Pt - 1), do desvio-padrão dos preços dos três anos anteriores (σ Pt), do rendimento $(\sigma Y t)$, da área irrigada (It) e da precipitação (Wt) têm todos um efeito insignificante na área de cana-de-açúcar na região de Telangana. O termo constante é -1,28. Observa-se que o efeito coletivo de todas as variáveis endógenas na variável exógena, área de cana-de-açúcar, durante o período pós-revolução verde é de 47%. Isso é revelado pelo valor dos coeficientes de correlação múltipla. A partir da estatística do teste F, este efeito coletivo é considerado significativo. O valor da correlação múltipla ajustada ($R2$) é de 0,3029.

Comparando as estimativas do período anterior à revolução verde com as do período posterior à revolução verde na região de Telangana, observa-se que o efeito do rendimento desfasado (Yt - 1) e da área desfasada (At-1) durante o período posterior à revolução verde foi observado, mas durante o período anterior à revolução verde, o rendimento desfasado e a área desfasada (At-1) mostram um efeito negativo e insignificante na área de cana-de-açúcar. A variável área irrigada possui uma relação positiva e significativa com a área de cana-de-açúcar no período da Pré-Revolução Verde, mas só é positiva no período da Pós-Revolução Verde. Isso revela que os produtores de cana foram respondidos pela área irrigada durante o período pré-revolução verde. A influência da variável precipitação (Wt) está em direcções opostas na área de cana de açúcar em ambos os períodos. Finalmente, pode concluir-se que os efeitos do preço desfasado e do risco de preço estão totalmente ausentes. Por conseguinte, pode inferir-se que a área de cana-de-açúcar desta cultura comercial não é sensível ao preço, mas sim à irrigação.

5.5 ANDHRA PRADESH:

NOZ-DA-TERRA:

As funções de resposta da área para as duas culturas comerciais, o amendoim e a cana-de-açúcar, foram analisadas separadamente para as três regiões de Andhra Pradesh, nomeadamente Rayalaseema, Coastal Andhra e Telangana. A mesma análise pode ser efectuada para todo o Estado de Andhra Pradesh para as duas culturas. Os coeficientes de regressão estimados são apresentados no quadro 5.1.

O quadro 5.1 revela que os coeficientes de correlação múltipla (R^2) são de 0,9528 durante o período anterior à revolução verde em Andhra Pradesh. Isto significa que o efeito coletivo de todas as variáveis independentes na variável dependente, a área cultivada com amendoim, foi de 95%. Este efeito combinado destas variáveis endógenas sobre a área de amendoim não é significativo a um nível de probabilidade de cinco por cento. Foi testado pela estatística F-test. O valor do coeficiente de correlação múltipla ajustado ($\bar{R}^2$) é 0,8428. O termo constante é 21,36, também é positivo mas não significativo. A maioria das variáveis endógenas selecionadas mostra um efeito negativo na área de amendoim no estado de Andhra Pradesh como um todo. Entre as estimativas do período anterior à revolução verde, apenas uma variável independente, ou seja, o preço desfasado (Pt - 1), apresenta um sinal positivo e significativo. Isto significa que o preço desfasado tem um efeito significativo na área de amendoim em Andhra Pradesh. medida que o preço desfasado se altera, pode registar-se um aumento significativo da superfície de amendoim. Com um aumento de uma unidade do preço desfasado, pode registar-se um aumento de 0,47 unidades da superfície de amendoim. Do mesmo modo, a variável de risco de preço (σ Pt) apresenta um efeito positivo na área de amendoim. Por conseguinte, a área de amendoim em Andhra Pradesh, durante o período anterior à revolução verde, é sensível aos preços. Os coeficientes de rendimento desfasado (Yt - 1), desvio padrão do rendimento dos três anos anteriores $^{(\sigma Yt)}$, Área irrigada, precipitação e área desfasada foram negativos e insignificantes. Um aumento destas variáveis diminuirá a área de amendoim no estado de Andhra Pradesh. Mas essa diminuição não é significativa. Por conseguinte, pode inferir-se que a área de amendoim não é afetada pelas instalações de irrigação ou pelo rendimento dos anos anteriores, etc. Por último, pode concluir-se que a superfície de amendoim só reage aos preços. Por conseguinte, o preço é o único fator que influencia os produtores a afetar mais área a esta cultura do amendoim durante o período anterior à revolução verde.

Durante o período pós-revolução verde, verifica-se que a variável área irrigada (It) apresenta um efeito positivo e significativo na área de amendoim. O coeficiente da área irrigada é de 0,213. Isso significa que as instalações de irrigação são mais favoráveis aos produtores de amendoim para aumentar a área da cultura no estado. Os coeficientes da área desfasada (At-1) também são positivos e significativos. A área desfasada também leva ao aumento da área cultivada com amendoim em Andhra Pradesh. Por conseguinte, a superfície cultivada é principalmente afetada pela superfície irrigada. Os coeficientes do desvio-padrão do rendimento dos três anos anteriores(σYt) são negativos e significativos, ou seja, à medida que o risco de rendimento aumenta, a área diminui. Há alguma margem para aumentar a área cultivada diminuindo o risco de rendimento. Os coeficientes Yt-1 e σPt, são negativos e insignificantes a um nível de probabilidade de cinco por cento. Os coeficientes do preço desfasado (Pt - 1) e da precipitação (Wt) foram positivos e insignificantes. Um aumento unitário em cada uma destas duas variáveis aumentará a área cultivada com amendoim em 0,02 e 0,07 unidades, respetivamente. Os coeficientes do rendimento desfasado (Yt - 1) e do desvio padrão dos preços dos três anos anteriores (σ Pt) foram negativos e insignificantes. Existe uma relação negativa entre a área de amendoim e Yt - 1, σ Pt, respetivamente. Isto significa que estes dois factores influenciam negativamente a área de amendoim no Estado. O termo constante é 2,95, é positivo e significativo. O valor de R^2 é 0,9376. O efeito combinado de todas as variáveis independentes sobre a variável dependente é de 94%. Cerca de 94% da variação da área de amendoim foi observada em Andhra Pradesh. Este efeito combinado das variáveis endógenas sobre a variável exógena, a área de amendoim, é significativo a um nível de probabilidade de cinco por cento. O valor do coeficiente de correlação múltipla ajustado é 0,9177.

Comparando as estimativas das variáveis em ambos os períodos, verifica-se que o efeito do preço desfasado é observado no período anterior à revolução verde, mas não no período posterior à revolução verde. Isto significa que os preços estão a incentivar os produtores de amendoim no período anterior à revolução verde, mas não no período posterior à revolução verde no estado de Andhra Pradesh. Por conseguinte, pode concluir-se que a área de amendoal é sensível aos preços durante o período anterior à revolução verde. Os dois coeficientes da área irrigada (It) e da área desfasada (At-1) tiveram um efeito positivo e significativo na área de amendoim durante o período pós-revolução verde, mas não no período pré-revolução verde. Isto indica que o amendoim também é afetado pela área irrigada. Durante o período pós-revolução verde, os efeitos combinados de todas as variáveis são significativos, mas não o são no período pré-revolução verde em Andhra Pradesh. Assim, pode inferir-se que a área de amendoim é afetada pelas variáveis It e At-1.

CANA-DE-AÇÚCAR:

Durante o período anterior à revolução verde, o quadro 5.1 mostra que todas as variáveis endógenas tiveram um efeito insignificante na variável exógena área de cana-de-açúcar no Estado. Com exceção da variável precipitação (Wt), todas as restantes variáveis estabeleceram uma relação positiva com a área de cana em Andhra Pradesh. Os coeficientes do preço desfasado (Pt - 1) mostram o seu efeito positivo na variável dependente área de cana-de-açúcar (At), mas não é significativo. O coeficiente do rendimento desfasado (Yt - 1), o desvio-padrão do preço dos três anos anteriores (σ Pt), o risco no rendimento(σYt), a área irrigada (It) e a área desfasada (At-1) revelam o seu efeito positivo insignificante na variável exógena área de cana-de-açúcar (At) no conjunto do Estado de Andhra Pradesh. Cada aumento de uma unidade em cada uma das variáveis acima referidas aumentará a área de cana em 0,14, 1,47, 0,05, 0,21, 0,48 e 0,19 unidades, respetivamente. O coeficiente da variável pluviosidade (-0,6866) é negativo mas insignificante. Isto significa que se estabeleceu uma relação negativa entre o peso e a altura. Um aumento de uma unidade de precipitação diminuirá a área de cana em 0,69 unidades, mas esta diminuição não é significativa. As condições climáticas não são favoráveis aos produtores de cana na afetação da área durante o período anterior à revolução verde no estado de Andhra Pradesh. O valor do termo constante é -6,60. É negativo e insignificante. O valor do coeficiente de correlação múltipla (R^2) é 0,8931. Revela que o efeito combinado de todas as variáveis independentes é de 89%. Este efeito coletivo das variáveis independentes na área da cana-de-açúcar é insignificante a um nível de probabilidade de cinco por cento. Este facto é comprovado pela estatística do teste F. O valor da correlação múltipla ajustada (R^2) é de 0,6435.

Durante o período pós-revolução verde, o valor da correlação múltipla é 0,6561. A partir deste valor, observa-se que o efeito agregado de todas as variáveis independentes na variável dependente, área cultivada com cana-de-açúcar, é de 66 por cento. A estatística do teste F revela que é significativo. O valor da correlação múltipla ajustada (R^2) é de 0,5467. Há apenas uma variável independente, ou seja, a área desfasada (0,4803), que é positiva e significativa. Esta variável apresenta uma relação positiva e significativa com a superfície de cana durante o período pós-revolução verde no Estado de Andhra Pradesh. Os coeficientes do rendimento desfasado (Yt - 1), do risco de preço (σ Pt), do risco de rendimento (σYt), da área irrigada (It) são positivos mas não significativos. Um aumento unitário nestas quatro variáveis aumentará a área de cana em 0,31, 0,03, 0,03 e 0,35 unidades, respetivamente. Isso significa que esses fatores endógenos influenciam positivamente a área de cana-de-açúcar no estado. Os coeficientes do preço defasado e da chuva foram negativos e insignificantes. O efeito destas variáveis exógenas na área de cana-de-açúcar no Estado de Andhra Pradesh é negativo. A relação negativa revela que cada aumento de uma unidade nestas duas variáveis diminuirá a área de cana em 0,05 e 0,05 unidades, respetivamente. A afetação da área de cultivo da cana-de-açúcar não foi influenciada pelo preço e pela área irrigada. Nenhuma variável selecionada estabeleceu uma relação significativa com a área de cana. O termo constante é negativo e insignificante.

Comparando os coeficientes de regressão estimados em ambos os períodos, verifica-se que o efeito da área desfasada na área de cana foi observado no período pós-revolução verde, mas não foi observado no período pré-revolução verde. Isto indica que a área cultivada com cana-de-açúcar no ano anterior influenciou os produtores de cana durante o período pós-revolução verde para aumentar a área de cana, mas não no período pré-revolução verde no estado de Andhra Pradesh. Durante ambos os períodos, os valores estimados das variáveis, rendimento desfasado (Yt - 1), risco de preço (σ Pt), risco de rendimento (σYt) e área irrigada (It) apresentaram uma relação positiva e insignificante com a área de cana-de-açúcar no

Estado. Isso indica que esses fatores estão incentivando os produtores de cana-de-açúcar na alocação de área. O efeito preço é positivo no período pré-revolução verde, mas é negativo no período pós-revolução verde. Nota-se que a cultura comercial da cana-de-açúcar não é sensível ao preço. Finalmente, conclui-se que a variável precipitação (Wt) está a expressar um efeito negativo e insignificante na área de cana-de-açúcar em ambos os períodos.

CAPÍTULO 6: Resposta da produção das culturas do amendoim e da cana-de-açúcar

6.1 INTRODUÇÃO:

Para estudar as respostas da produção de duas culturas comerciais selecionadas, o amendoim e a cana-de-açúcar, em dois períodos, pré-revolução verde e pós-revolução verde, foram adoptados os modelos de regressão logarítmica linear múltipla. O estudo foi efectuado em três regiões, nomeadamente, Rayalaseema, Coastal Andhra, Telangana e o Estado de Andhra Pradesh no seu conjunto. No presente estudo, a variável dependente é a produção da cultura no ano em curso (Ot) e as variáveis independentes são a área no ano em curso (At), a precipitação (Wt), a precipitação desfasada ($Wt -1$), a área irrigada (It) e os preços desfasados da colheita agrícola ($Pt - 1$). Estas variáveis independentes acima referidas foram utilizadas para efetuar estimativas nos períodos pré e pós-revolução verde. Foram acrescentadas mais duas variáveis independentes para estimar as estimativas do período pós-revolução verde, ou seja, o consumo de fertilizantes (Ft) e a área cultivada com variedades de alto rendimento (Ht). Os dados foram introduzidos nas equações 5 e 6, ou seja, nas funções de resposta da produção, e os resultados foram apresentados no quadro 6.1 para ambos os períodos. Os coeficientes de regressão estimados das variáveis têm implicações diferentes. Estes coeficientes de regressão estimados foram analisados em conformidade.

Quadro 6.1

Estimativa das funções de resposta da produção das culturas do amendoim e da cana-de-açúcar

REGION/CROP	PERIOD	bo	At	wt	wt-1	It	Pt-1	Ft	Ht	R^2	$\bar{R}^2$	F
Rayalaseema Groundnut	Pre-green	-17.2684* (3.8649)	1.8232* (0.2385)	0.2949 (0.2062)	0.5239* (0.2277)	0.3838* (0.1192)	-0.8014* (0.1842)	*****	*****	0.9575	0.9150	22.530*
	Post-green	-4.6437 (11.0237)	1.4927 (0.8809)	0.7058 (0.5396)	-0.9708* (0.5327)	0.2436 (0.5765)	-0.2020 (0.4820)	0.0812 (0.5061)	-0.4032 (0.6573)	0.5404	0.3942	3.6958*
Rayalaseema Sugarcane	Pre-green	3.1480 (2.1447)	0.9670* (0.1294)	-0.1438 (0.1533)	0.0719 (0.1651)	-0.0118 (0.0820)	-0.0382 (0.0539)	*****	*****	0.9711	0.9422	33.560*
	Post-green	5.6756* (3.0422)	0.0294 (0.2450)	0.0114 (0.1713)	0.0073 (0.1713)	0.7117* (0.19991)	0.0477 (0.1279)	-0.2196 (0.1348)	0.1360 (0.2056)	0.7185	0.6289	8.0211*
Coastal Andhra Groundnut	Pre-green	0.4732 (2.9617)	1.0775* (0.3360)	-0.1081 (0.0749)	-0.1346 (0.0914)	0.0899* (0.0313)	-0.1881 (0.2101)	*****	*****	0.9475	0.8951	18.064*
	Post-green	-0.7484 (2.0428)	0.8719* (0.2048)	-0.0449 (0.1235)	-0.0509 (0.1189)	0.1676 (0.1574)	-0.0056 (0.0225)	0.0827 (0.0709)	0.0215 (0.1548)	0.9399	0.9208	49.1521*
Coastal Andhra Sugarcane	Pre-green	3.6449* (1.2217)	0.9030* (0.1248)	-0.0234 (0.0665)	0.0799 (0.0656)	-0.0766 (0.0762)	0.0005 (0.0397)	*****	*****	0.9609	0.9217	24.5556*
	Post-green	7.6819* (2.0189)	0.0574 (0.2240)	-0.1295 (0.1524)	-0.0570 (0.1531)	0.6506* (0.2192)	-0.0498 (0.1059)	-0.1772 (0.1034)	0.1831 (0.1832)	0.7657	0.6911	10.2724*

REGION/CROP	PERIOD	bo	At	wt	wt-1	It	Pt-1	Ft	Ht	R^2	$\bar{R}^2$	F
Telangana Groundnut	Pre-green	10.6584 (13.7584)	-0.5624 (0.9931)	-0.7141 (0.7424)	0.7237 (0.9993)	0.9846* (0.5371)	-0.3867 (0.5838)	*****	*****	0.83331	0.6612	4.9901
	Post-green	4.6882* (1.8075)	0.0276 (0.0405)	0.2574 (0.1629)	-0.1140 (0.1667)	0.8484* (0.1599)	0.1328 (0.1721)	-0.3078 (0.1754)	-0.0330 (0.2854)	0.7689	0.6953	10.4554*
Telangana Sugarcane	Pre-green	0.9658 (4.0425)	0.8973* (0.2693)	-0.3589 (0.3114)	0.6684* (0.2665)	0.0075 (0.1425)	-0.0038 (0.0264)	*****	*****	0.9382	0.8763	15.1721*
	Post-green	6.0739* (2.6399)	0.3739 (0.2111)	0.3324 (0.2762)	0.4782 (0.3102)	0.0790 (0.0720)	0.3516* (0.2144)	-0.4167* (0.2144)	-0.0716 (0.4702)	0.4396	0.2613	2.4710*
Andhra Pradesh Groundnut	Pre-green	-14.2855 (8.9475)	1.4747* (0.5404)	0.5595 (0.4417)	0.3757 (0.4115)	0.2481 (0.2302)	-0.4276 (0.3833)	*****	*****	0.7963	0.5926	3.9094
	Post-green	-5.3339 (3.2680)	1.1240* (0.2569)	0.2964 (0.1964)	-0.1357 (0.2044)	0.2638 (0.1566)	-0.0612 (0.1492)	-0.0662 (0.1680)	0.0303 (0.2682)	0.8402	0.7893	16.5222*
Andhra Pradesh Sugarcane	Pre-green	8.8584 (5.3489)	0.3868 (0.2603)	-0.1551 (0.3745)	0.1309 (0.3274)	0.0367 (0.1762)	0.0414 (0.1011)	*****	*****	0.7217	0.4434	2.5935
	Post-green	7.6381* (1.9848)	0.1315 (0.1542)	0.0226 (0.1385)	0.0696 (0.1409)	0.5634* (0.4141)	0.1193 (0.0806)	-0.3551* (0.0872)	0.1819 (0.1804)	0.7751	0.7036	10.8328*

Nota: * Significativo ao nível de cinco por cento de probabilidade.

Os valores entre parênteses são os erros-padrão das estimativas.

6.2 REGIÃO DE RAYALASEEMA:

<u>NOZ-DA-TERRA:</u>

A partir da tabela 6.1, nota-se que o efeito agregado de todas as variáveis independentes sobre a variável dependente, ou seja, a produção de amendoim durante o período pré-revolução verde, é de 96%, já que o valor de R^2 é 0,9575. A partir da estatística do teste F, o efeito coletivo das variáveis é considerado significativo. O valor da correlação múltipla ajustada (R^2) é de 0,9150. O coeficiente da área de amendoim (1,8232) é positivo e significativo a um nível de probabilidade de cinco por cento. Revela uma relação positiva com a produção de amendoim. Cada unidade de aumento na área de amendoim aumentará a produção de amendoim em 1,82 unidades. Isto indica que a produção de amendoim é sensível à área. Os coeficientes de precipitação foram positivos e apenas a precipitação desfasada mostra um efeito significativo na produção de amendoim. O coeficiente da área irrigada (0,3838) é positivo e significativo. Foi observada uma relação positiva e significativa entre a produção de amendoim e a área irrigada de amendoim na região de Rayalaseema durante o período anterior à revolução verde. Neste caso, o coeficiente da variável do preço desfasado (-0,8014) mostra o seu efeito negativo e significativo na produção de amendoim. Um aumento de uma unidade de preço diminuirá a produção de amendoim em 0,80 unidades. O valor negativo e significativo indica que os produtores de amendoim na região de Rayalaseema não reagem aos preços da colheita agrícola para afetar mais área ao amendoim. Pode concluir-se que os preços atractivos do amendoim motivarão os agricultores a aumentar a produção no período da pré-revolução verde.

O valor do termo constante é negativo e significativo. Indica que outras variáveis que não são consideradas no modelo também influenciam a produção de amendoim na região de Rayalaseema.

Durante o período pós-revolução verde, observa-se que a produção de amendoim não é afetada positiva e significativamente por nenhuma das variáveis consideradas no modelo. As duas novas variáveis, Fertilizantes e Área HYV, não mostram grande efeito na produção. O valor do coeficiente de correlação múltipla é de 0,5404, ou seja, o efeito combinado de todas as variáveis independentes na produção de amendoim é de 54%. A partir da estatística do teste F, o efeito coletivo de todas as variáveis independentes sobre a variável dependente é significativo. Apenas 54 por cento da variação na produção de amendoim foi registada por todas as variáveis na região. O valor da correlação múltipla ajustada ($\bar{R}^2$) é 0,3942. O coeficiente da variável área cultivada com amendoim (1,4927) é positivo, mas não é significativo. Estabelece uma relação positiva com a produção de amendoim. Um aumento unitário na área de amendoim aumentará a produção em 1,49 unidades. A variável pluviosidade expressa uma relação positiva com a produção de amendoim. Apresenta um efeito positivo e insignificante na variável exógena produção de amendoim na região de Rayalaseema. O coeficiente da precipitação desfasada é (-0,9708), negativo e significativo. Um aumento de uma unidade da precipitação desfasada diminui a produção de amendoim em 0,97 unidades, mas esta diminuição não é significativa. O coeficiente da área irrigada é positivo, mas não é significativo. Isto revela que a produção de amendoim não é reactiva a ela. O coeficiente da variável preços agrícolas desfasados (-0,2020) é negativo e insignificante na região de Rayalaseema durante o período pós-revolução verde. Isto significa que a produção de amendoim não é reactiva aos preços na região de Rayalaseema. O coeficiente do consumo de fertilizantes é de 0,0812. Verifica-se que existe um pequeno efeito positivo na produção de amendoim. O coeficiente da variável área HYV é de -0,4032. Estabeleceu uma relação negativa e não significativa com a variável dependente Ot. O efeito de duas novas variáveis foi inexistente. O valor do termo constante (-4,64) é negativo e insignificante.

Comparando as estimativas das variáveis em ambos os períodos, observa-se que as variáveis At e It influenciaram positivamente a produção de amendoim nos períodos pré e pós-revolução verde. Por conseguinte, infere-se que a produção de amendoim foi influenciada pela área e pela fonte de água, as condições de irrigação estão a encorajar os produtores a aumentar a produção de amendoim durante os dois períodos, mas só são significativas no período anterior à revolução verde. O efeito do preço é insignificantemente negativo durante o período pós-revolução verde. A produção de amendoim não é afetada pelos preços. Os preços da colheita não estão a incentivar os produtores a aumentar a produção. O coeficiente da precipitação desfasada é positivo e significativo no período anterior à revolução verde, mas é negativo e significativo no período posterior à revolução verde. . Indica a falta de precipitação ou precipitação insuficiente no período pós-revolução verde. A área cultivada com amendoim também influencia significativamente o aumento da produção de amendoim durante o período da Pré-Revolução Verde, mas influencia positivamente, mas não significativamente, durante o período da Pós-Revolução Verde. Finalmente, conclui-se que as variáveis selecionadas influenciam a produção de amendoim durante o período da Pré-Revolução Verde, mas não o fazem durante o período da Pós-Revolução Verde.

CANA-DE-AÇÚCAR:

Durante o período pré-verde, o coeficiente de área é (0,9670). É positivo e significativo a um nível de probabilidade de cinco por cento. Foi registada uma relação positiva e significativa entre a área de cana e a produção de cana na região de Rayalaseema de Andhra Pradesh. Por cada aumento de uma unidade na área atual cultivada com cana-de-açúcar, a produção aumenta 0,97 unidades, o que é significativo. O coeficiente da precipitação desfasada também estabeleceu uma relação positiva e não significativa com a produção de cana-de-açúcar, ou seja, um aumento de uma unidade na precipitação aumentará a produção de cana em cerca de 0,072 unidades. Observa-se que a produção de cana é positivamente respondida pela área cultivada principalmente e o impacto da precipitação desfasada é pequeno. Os coeficientes da precipitação no ano em curso, da área irrigada e dos preços da colheita agrícola desfasados foram (-0,1438, -0,0118 e -0,0382) negativos e insignificantes. Por conseguinte, a produção de cana-de-açúcar na região de Rayalaseema durante o período anterior à revolução verde é afetada negativamente por estas variáveis. Uma insignificância negativa indica que um aumento das três variáveis endógenas acima referidas diminuirá a variável exógena produção de cana-de-açúcar na região de Rayalaseema. Assim, a produção de cana não é afetada pela água e pelo preço. O efeito combinado de todas as variáveis independentes é de 97%, ou seja, 97% da variação na produção foi observada por estas variáveis. Este efeito coletivo das variáveis independentes na produção de cana-de-açúcar é significativo a um nível de probabilidade de cinco por cento. Isso é comprovado pela estatística do teste F. O valor da correlação múltipla ajustada (R^2) é 0,9422. O termo constante é 3,15. É positivo, mas não significativo.

A partir da tabela 6.1, durante o período pós-revolução verde, nota-se que o efeito coletivo de todas as variáveis independentes na variável dependente produção de cana-de-açúcar é de 72%. A partir da estatística do teste F, o efeito coletivo destas variáveis independentes é considerado significativo. O valor da correlação múltipla ajustada (R^2) é de 0,6289. O termo constante é 5,68, é positivo e significativo. Isto significa que outras variáveis também influenciaram o aumento da produção de cana-de-açúcar nesta região. Neste estudo, verifica-se que todas as variáveis endógenas, com exceção da variável Ft, registam um efeito positivo na variável exógena Ot na região de Rayalaseema. Observa-se que o coeficiente da área irrigada (0,7117) tem um efeito positivo e significativo. Foi estabelecida uma relação positiva e significativa entre a área irrigada e a produção de cana-de-açúcar. Isto indica que a área irrigada sob a cultura da cana de açúcar está a encorajar os produtores de cana a aumentar a produção de cana de açúcar. Um aumento de uma unidade de It, aumentará a produção de cana em 0,71 unidades. Os coeficientes da área cultivada com cana-de-açúcar, da precipitação no ano em curso, da precipitação desfasada, do preço de colheita agrícola desfasado e da área cultivada com variedades de elevado rendimento foram positivos, mas insignificantes. Revela uma relação positiva e insignificante com a produção de cana-de-açúcar na região de Rayalaseema. Cada aumento de uma unidade nestas variáveis aumentará a produção de cana numa quantidade muito pequena. O coeficiente do consumo de fertilizantes é (-0,2196) negativo e insignificante. Este coeficiente negativo e insignificante revela que a produção de cana foi negativamente afetada pelo consumo de fertilizantes durante o período pós-revolução verde. À medida que o Ft aumenta, a produção pode diminuir.

Comparando as estimativas da função entre o período pré-revolução verde e o período pós-revolução verde, observa-se que a produção de cana é positivamente respondida pela variável área irrigada durante o período pós-revolução verde, mas não é assim durante o período pré-revolução verde. A área total cultivada influencia positivamente os períodos pré e pós-revolução verde, mas é significativa no período pré-revolução verde. O efeito do preço é positivo durante o período pós-revolução verde, mas é negativo durante o período pré-revolução verde. Por conseguinte, a produção de cana não reage aos preços em Rayalaseema. O efeito do consumo de fertilizantes durante o período pós-revolução verde é negativo e insignificante na produção de cana-de-açúcar. Observando as variáveis de precipitação, quase ambas as variáveis revelam um impacto positivo na produção de cana em ambos os períodos da região. O impacto da área sob HYV na produção de cana é positivo. O valor do termo constante é positivo e significativo em ambos os períodos.

6.3 REGIÃO COSTEIRA DE ANDHRA:

NOZ-DA-TERRA:

O valor do coeficiente de correlação múltipla é 0,9475. A partir da tabela 6.1, nota-se que o efeito agregado de todas as variáveis independentes sobre a variável dependente, a produção de amendoim durante o período pré-revolução verde, é de 95%. Quase 95 por cento da variação na produção de cana foi observada por estas variáveis. Este efeito coletivo da variável endógena na produção de amendoim é significativo a um nível de probabilidade de cinco por cento. Este facto é comprovado pela estatística do teste F. O valor da correlação múltipla ajustada (R^2) é de 0,8951. Entre as variáveis explicativas, o coeficiente da área irrigada é de 0,0899. É positivo e significativo. Um aumento de uma unidade da variável It aumentará a produção de amendoim na região costeira de Andhra em 0,09 unidades. O coeficiente de At (1,0775) é positivo e significativo a um nível de probabilidade de cinco por cento. Um aumento de uma unidade de área aumentará a produção em mais de uma unidade durante o período anterior à revolução verde. Os coeficientes da precipitação no ano em curso, da precipitação desfasada e dos preços da colheita agrícola desfasados são negativos e insignificantes. Um aumento destas variáveis independentes diminuirá a produção de amendoim em 0,11, 0,14 e 0,19 unidades, respetivamente, na região costeira de Andhra. Este efeito negativo dos coeficientes das três variáveis supramencionadas revela que a produção de amendoim não foi afetada positivamente por estas variáveis durante o período anterior à revolução verde na região costeira de Andhra Pradesh. Por conseguinte, conclui-se que a produção de amendoim é afetada por quase duas variáveis: It e At. A constante ou termo é 0,47, é positiva mas não significativa. As variáveis que não são consideradas no modelo acima não têm grande impacto na produção de amendoim.

Durante o período pós-revolução verde, verifica-se que os coeficientes da área cultivada (0,8719) são positivos e significativos. Existe uma relação positiva entre a área e a produção de amendoim. Um aumento de uma unidade de área cultivada com amendoim aumentará a produção de amendoim em 0,87 unidades na região costeira de Andhra. O coeficiente da área irrigada é de 0,1676. Existe uma relação positiva e insignificante entre a produção de amendoim e a irrigação. Os coeficientes das variáveis independentes, consumo de fertilizantes, área cultivada com variedades de alto rendimento (0,0827 e 0,0215), são positivos e insignificantes.

Existe uma relação positiva entre a produção de amendoim e cada uma destas variáveis. Um aumento unitário em cada uma destas variáveis aumentará a produção de amendoim em 0,08 e 0,02 unidades, respetivamente. Os coeficientes da precipitação no ano atual, da precipitação desfasada e dos preços de colheita desfasados foram (-0,1449, -0,0509 e -0,0056) negativos e insignificantes. Cada aumento de uma unidade nestas variáveis diminuirá a produção de amendoim na região de Coastal Andhra. Este sinal negativo e insignificante indica que estas variáveis não estão a influenciar o aumento da produção de amendoim durante o período pós-revolução verde. O termo de interceção constante é -0,7484. É negativo e insignificante. Significa que outras variáveis estão a influenciar negativamente a produção de amendoim nesta região. O valor do coeficiente de correlação múltipla (R^2) é de 0,9399. O efeito combinado de todas as variáveis independentes na variável dependente é de 94%. Quase 94% da variação na produção de amendoim foi observada por estas variáveis selecionadas. A partir da estatística do teste F, o efeito coletivo das variáveis endógenas foi considerado significativo. O valor da correlação múltipla ajustada (R^2) é de 0,9208.

Comparando as estimativas em ambos os períodos, verifica-se que os coeficientes da área cultivada (At) têm um efeito positivo e significativo na produção de amendoim na região de Coastal Andhra. Isto indica que a área cultivada está a influenciar significativamente os produtores de amendoim no sentido de aumentarem a produção de amendoim na região de Coastal Andhra. Por conseguinte, a produção de amendoim é afetada pela área cultivada com amendoim. O coeficiente da área irrigada (It) é positivo e significativo no período anterior à revolução verde, mas só é positivo e não significativo no período posterior à revolução verde. Isto significa que a área irrigada cultivada está a incentivar os agricultores a aumentar a produção de amendoim na região costeira de Andhra. Os coeficientes da precipitação no ano em curso (Wt), da precipitação desfasada (Wt -1) e dos preços da colheita agrícola desfasados tiveram um efeito negativo e insignificante na produção de amendoim em ambos os períodos.

Isto indica que estas variáveis não tiveram uma influência positiva no aumento da produção de amendoim na região costeira de Andhra. Por conseguinte, a produção de amendoim não reage aos preços. Os coeficientes das variáveis consumo de fertilizantes (Ft) e área cultivada com variedades de alto rendimento (Ht) foram positivos e insignificantes. Por conseguinte, a produção de amendoim na região de Coastal Andhra também é influenciada positivamente por estes dois novos factores. Por último, pode concluir-se que a produção comercial de amendoim é sensível à superfície e à área irrigada, mas não aos preços, na região de Coastal Andhra.

CANA-DE-AÇÚCAR:

No caso da cana-de-açúcar, durante o período anterior à revolução verde, na região costeira de Andhra, os coeficientes das variáveis explicativas, ou seja, a área cultivada (At), a precipitação desfasada (Wt-1) e o preço desfasado (Pt-1) foram de 0,9030, 0,0799 e 0,0005, respetivamente. Estas variáveis exprimiram uma correlação positiva com a variável explicada produção de cana. Mas essa relação é significativa entre as variáveis At e produção de cana-de-açúcar. Um aumento unitário em cada uma dessas variáveis aumentará a produção de cana em 0,9, 0,08 e 0,0005 unidades, respetivamente. Também se nota que a produção de cana-de-açúcar é significativamente sensível à área. A precipitação desfasada revela apenas 8 por cento de variação na produção de cana-de-açúcar. Por conseguinte, o preço desfasado e a precipitação desfasada revelaram um efeito negligenciável na produção de cana-de-açúcar durante a pré-revolução verde na região costeira de Andhra. Os coeficientes da precipitação no ano em curso (Wt) e da área irrigada (It) tiveram um efeito negativo e insignificante na produção de cana-de-açúcar. Estas variáveis não estão a influenciar positivamente a produção de cana-de-açúcar na região de Coastal Andhra. O coeficiente de correlação múltipla é de 0,9609. O efeito combinado de todas as variáveis independentes é de 96%. Por conseguinte, 96% da variação na produção de cana foi observada por estas variáveis. O efeito coletivo destas variáveis endógenas na produção de cana-de-açúcar é significativo a um nível de probabilidade de cinco por cento. Isso é comprovado pela estatística do teste F. O valor da correlação múltipla ajustada $(\bar{R}^2)$ é 0,9217. O termo constante é 3,65, é positivo e significativo. Por conseguinte, outras variáveis também influenciaram significativamente a produção de cana.

Observando as estimativas do período pós-revolução verde, o coeficiente de correlação múltipla é de 0,7657. O valor de R^2 é designado como o efeito agregado das variáveis explicativas sobre a variável explicada. O efeito coletivo de todas estas variáveis independentes na variável dependente produção de cana-de-açúcar é de 77%. Sabe-se que 77 por cento da variação na produção de cana foi registada por estas variáveis. O efeito coletivo das variáveis independentes na produção de cana-de-açúcar é significativo a um nível de probabilidade de cinco por cento. O valor da correlação múltipla ajustada (R^2) é de 0,6911. O termo de interceção constante é (7,6819) é positivo e significativo. O coeficiente da variável independente Área irrigada (0,6506) é positivo e significativo ao nível de cinco por cento de probabilidade. A variável (It) estabeleceu uma relação positiva significativa com a produção de cana. Cada aumento de uma unidade em It aumentará a produção em 0,65 unidades. Os coeficientes das variáveis independentes At e Ht foram positivos e não significativos. Foi observada uma relação positiva insignificante entre essas variáveis e a produção de cana-de-açúcar na região costeira de Andhra. Os coeficientes das variáveis precipitação (Wt), precipitação desfasada (Wt-1), preço desfasado (Pt-1) e consumo de fertilizante (Ft) são negativos e insignificantes. Um aumento de uma unidade em cada uma destas variáveis diminuirá a produção de cana em 0,13, 0,06, 0,05 e 0,18 unidades, respetivamente, na região costeira durante o período pós-revolução verde. Verifica-se que a produção de cana é respondida principalmente pela área irrigada. Esta cultura comercial de cana-de-açúcar não reage aos preços. A sua resposta é dada pela área cultivada com HYV. O coeficiente da constante e do termo de interceção é de 7,68. É positivo e significativo.

Revela que as variáveis externas do modelo estavam a influenciar positiva e significativamente a produção de cana-de-açúcar durante o período pós-revolução verde.

Comparando os coeficientes estimados durante o período pré-revolução verde e o período pós-revolução verde, observa-se que os coeficientes da área irrigada são positivos durante o período pós-revolução verde e são negativos e insignificantes durante o período pré-revolução verde. A área irrigada está a encorajar os produtores de cana-de-açúcar a aumentar a produção de cana durante o período pós-revolução verde. Portanto, a produção de cana é respondida pela variável It. A mesma tendência positiva foi observada no caso da área cultivada em ambos os períodos. A área cultivada durante o período da Pré-Revolução Verde é significativa, mas é insignificante durante o período da Pós-Revolução Verde. O coeficiente de ambas as variáveis de precipitação revela o impacto mais negativo na produção de cana-de-açúcar. Por conseguinte, a precipitação está a afetar negativamente a produção de cana-de-açúcar em ambos os períodos da região costeira de Andhra. No caso do preço desfasado, existe um efeito contrário em ambos os períodos. Mas o efeito do preço é negligenciável na produção de cana-de-açúcar. A produção de cana-de-açúcar não reage ao preço, mas reage à área. A variável consumo de fertilizante é negativa e insignificante. Por conseguinte, o efeito do fertilizante é negativo na produção de cana. O impacto da área híbrida na produção de cana é positivo durante o período pós-revolução verde na região costeira de Andhra. O termo constante é positivo e significativo em ambos os períodos.

6.4 REGIÃO DE TELANGANA:

NOZ-DA-TERRA:

Os coeficientes de regressão estimados das equações 5 e 6 são apresentados no quadro 6.1 para a região de Telangana. Durante o período anterior à revolução verde, observa-se que, entre as variáveis independentes selecionadas, o coeficiente da área irrigada é (0,9846) positivo e significativo. Verificou-se uma relação positiva e significativa entre a produção de It e de amendoim em Telangana. Um aumento de uma unidade na variável It aumentará a produção de amendoim em cerca de 0,99 unidades. Revela que a produção é influenciada pela área irrigada. O coeficiente da precipitação desfasada (0,7237) também é positivo, mas não significativo, ou seja, cada aumento de uma unidade em Wt-1 fará aumentar a produção em 0,72 unidades. Assim, a precipitação desfasada está a influenciar a produção de amendoim durante o período da Pré-Revolução Verde. Os coeficientes da área cultivada com amendoim, da precipitação no ano corrente e dos preços de colheita desfasados (-0,5624, -0,07141 e - 0,3867) foram negativos e insignificantes. Estas três variáveis estabeleceram uma relação negativa com a produção de amendoim. Os coeficientes negativos e insignificantes indicam que estas variáveis estão a influenciar negativamente a produção de amendoim na região de Telangana. O valor do coeficiente de correlação múltipla é de 0,8331. O efeito combinado de todas as variáveis independentes é de 83%. Observou-se mais de 83% da variação da produção. Este efeito coletivo das variáveis independentes na produção de amendoim não é significativo a um nível de probabilidade de cinco por cento. Este facto foi comprovado pela estatística do teste F. O valor do coeficiente de correlação múltipla ajustado é 0,6612. O termo constante é 10,66. É positivo mas não significativo.

A partir da tabela 6.1, durante o período pós-revolução verde, o valor do coeficiente de correlação múltipla é de 0,7689, ou seja, o efeito coletivo de todas as variáveis endógenas sobre a variável exógena, a produção de amendoim, é de 77%. Quase 77% da variação na produção de amendoim foi registada por estas variáveis explicativas. Através da estatística do teste F, o efeito coletivo das variáveis independentes é significativo. O valor da correlação múltipla ajustada é de 0,6953. No que respeita às variáveis, o coeficiente da área irrigada (0,8484) é positivo e significativo. O efeito da área irrigada na produção de amendoim foi observado na região de Telangana. A produção de amendoim é principalmente afetada pela variável área irrigada. Os coeficientes da área cultivada (At), da pluviosidade no ano em curso (Wt) e dos preços da colheita agrícola desfasados (Pt - 1), (0,0276, 0,2574, 0,1328) foram positivos, mas revelam um efeito insignificante na produção de amendoim. Por conseguinte, a produção é afetada positivamente por estas variáveis, mas não é significativa. Os coeficientes da precipitação desfasada (-0,1140) têm um efeito negativo e insignificante. O efeito da precipitação na produção de amendoim durante o período pós-revolução verde é negativo. Um aumento destas variáveis diminui a produção de amendoim. Os coeficientes do consumo de fertilizantes e da área cultivada com variedades de alto rendimento foram (-0,3078, -0,0330) negativos e insignificantes. Expressam um efeito negativo na produção de amendoim durante o período pós-revolução verde. O coeficiente do termo de interceção (4,6882) é positivo e significativo. Assim, a produção de amendoim foi influenciada principalmente pelas variáveis It, At.

Comparando as estimativas dos períodos pré-revolução verde e pós-revolução verde, verifica-se que apenas uma variável endógena tem um efeito positivo na variável exógena produção de amendoim em ambos os períodos. Verifica-se que a variável área irrigada (It) está a influenciar positiva e significativamente a produção de amendoim na região de Telangana. Por conseguinte, a produção de amendoim é sensível à área irrigada em Telangana. Os coeficientes da precipitação, da precipitação desfasada, da superfície cultivada com amendoim e do preço desfasado revelaram um efeito insignificante na produção de amendoim. Em alternativa, manifestaram, em ambos os períodos, um impacto positivo e negativo na produção. Por conseguinte, pode concluir-se que o efeito destas variáveis não é significativo na produção de amendoim. Finalmente, pode concluir-se que a produção de amendoim não é reactiva aos preços, mas sim à área irrigada. Os preços do amendoim não estavam a incentivar os produtores a aumentar a produção. As duas novas variáveis Ft e Ht não mostraram um efeito positivo na produção de amendoim. Por conseguinte, a produção de amendoim é negativamente afetada por estas duas novas variáveis. O termo constante é positivo e significativo durante o período pós-revolução verde, o que significa que outros factores influenciam a produção na região de Telangana.

CANA-DE-AÇÚCAR:

A partir da tabela 6.1, o coeficiente de correlação múltipla é 0,9382. Verifica-se que o efeito coletivo de todas as variáveis endógenas na variável exógena, a produção de cana-de-açúcar durante o período anterior à revolução verde, é de 94%. Quase 94 por cento da variação na produção de cana-de-açúcar foi observada por todas as variáveis independentes. O efeito coletivo de todas as variáveis independentes na produção de cana-de-açúcar é significativo a um nível de probabilidade de cinco por cento. O valor da correlação múltipla ajustada é de 0,8763. O coeficiente da área cultivada é (0,8973) positivo e significativo. Verificou-se uma relação positiva e significativa entre At e Ot. Um aumento de uma unidade de At aumentará a produção de amendoim em 0,9 unidades. Assim, a área cultivada está a influenciar os produtores no sentido de aumentarem a produção de cana-de-açúcar na região de Telangana. Por conseguinte, a produção de cana-de-açúcar é afetada pela área cultivada com cana-de-açúcar. O coeficiente da precipitação desfasada é de (0,6684), pelo que cada aumento de uma unidade nesta variável aumentará a produção de cana em 0,67 unidades. A pluviosidade defasada também influencia os produtores de cana a aumentar a produção nessa região. A variável independente Área irrigada mostra seu efeito positivo e insignificante na variável dependente, produção de cana-de-açúcar, durante o período pré-revolução verde. O valor do termo constante é 0,9658. Os coeficientes da precipitação no ano atual (-0,3589) e do preço da colheita agrícola desfasado (-0,0038) foram negativos e insignificantes. O efeito destas duas variáveis é totalmente inexistente. Isto significa que estas duas variáveis independentes não estavam a influenciar a produção de cana-de-açúcar. Infelizmente, nota-se que a cultura comercial também não reagiu ao preço durante o período da pré-revolução verde. Pode concluir-se que os preços não estavam a atrair os produtores para aumentar a produção de cana.

Durante o período pós-revolução verde, na região de Telangana, o coeficiente do preço desfasado da colheita agrícola (0,3516) é positivo e significativo. Foi estabelecida uma relação positiva e significativa entre Pt-1 e Ot. Um aumento de uma unidade do preço desfasado aumentará a produção de cana em 0,35 unidades. O efeito do preço é o principal fator que influencia o aumento da produção de cana-de-açúcar na região de Telangana. No presente estudo, a maioria das variáveis endógenas mostrou um efeito positivo na variável dependente produção de cana-de-açúcar durante o período pós-revolução verde. Os coeficientes da área cultivada, da pluviosidade no ano em curso, da pluviosidade desfasada e da área irrigada foram (0,3739, 0,3324, 0,4782 e 0,079) positivos. Isto significa que todas estas variáveis estavam a mostrar um efeito positivo na produção de cana. Cada aumento de uma unidade em cada uma dessas variáveis aumentará 0,37, 0,33, 0,48 e 0,08 unidades, respetivamente. O termo constante é 6,0739, é positivo e significativo. Isto significa que outras variáveis também afectam coletivamente a produção de cana-de-açúcar. Os coeficientes do consumo de fertilizantes e da área HYV foram (-0,4167, -0,0716) negativos, mas o efeito de Ft é significativo. Este sinal negativo e significativo indica que a utilização de fertilizantes é insuficiente na cultura da cana na região de Telangana. Conclui-se que existe alguma possibilidade de aumentar a produção de cana através do aumento do consumo de fertilizantes. De acordo com o coeficiente estimado da área Hyv, verifica-se que, por cada aumento de uma unidade na área Hyv, a produção de cana diminui. O coeficiente de correlação múltipla R^2 é de 0,4396. Foram registados cerca de 44% de variação na produção de cana. Observa-se que o efeito coletivo de todas as variáveis endógenas na variável exógena produção de cana de açúcar durante o período pós-revolução verde é de 44 por cento. A estatística do teste F mostra que este efeito coletivo é significativo. O valor da correlação múltipla ajustada (R_2) é de 0,2613.

Observando as estimativas das variáveis durante os períodos pré-revolução verde e pós-revolução verde, no caso da produção de cana-de-açúcar na região de Telangana, verifica-se que o preço desfasado da colheita agrícola está a influenciar a produção de cana durante o período pós-revolução verde, mas o mesmo não aconteceu no período pré-revolução verde. A mesma tendência foi observada, na ordem inversa, no caso da área cultivada (At) na região. A área cultivada durante o período pré-revolução verde mostra um efeito positivo e significativo na produção de cana, mas é negativo no período pós-revolução verde. Por conseguinte, a produção de cana foi influenciada pela At durante o período anterior à revolução verde. O termo constante foi positivo e significativo durante o período pós-revolução verde. Isto significa que outras variáveis, que não foram consideradas, estavam a influenciar a produção de cana-de-açúcar, mas o efeito das outras variáveis, durante o período da Pré-Revolução Verde, na produção é significativo a cinco por cento. O efeito da precipitação desfasada é positivo em ambos os períodos, mas é significativo no período anterior à revolução verde. A variável Área irrigada (It) está a encorajar os produtores na produção de cana em ambos os períodos, mas não significativamente. Os coeficientes do consumo de fertilizantes (Ft) indicam uma utilização insuficiente de fertilizantes no período pós-revolução verde. Ao aumentar o consumo de Ft, a produção de cana pode ser aumentada. A área cultivada com variedades de alto rendimento não está a influenciar positivamente a produção de cana-de-açúcar na região de Telangana.

6.5 ANDHRA PRADESH:

NOZ-DA-TERRA:

A partir do quadro 6.1, verifica-se que o valor do coeficiente de correlação múltipla é 0,7963. O efeito coletivo de todas as variáveis independentes na variável dependente, a produção da cultura do amendoim durante o período da pré-revolução verde em todo o estado de Andhra Pradesh, é de aproximadamente 80%. Quase 80 por cento da variação na produção de amendoim foi observada por estas variáveis independentes em todo o estado. A partir da estatística do teste F, verifica-se que este efeito combinado não é significativo ao nível de cinco por cento de probabilidade na produção de amendoim. O valor do termo de interceção constante é 14,2855. Isto significa que o efeito da outra variável na produção foi registado negativamente. O valor do coeficiente de correlação múltipla ajustado é de 0,5926. A maioria das variáveis endógenas selecionadas teve um efeito positivo na produção de amendoim no Estado de Andhra Pradesh. Neste caso, o efeito de apenas uma variável independente, ou seja, a área cultivada (1,4747), é positivo e significativo. Um aumento de uma unidade da variável At aumentará o Ot em 1,50 unidades. Parece que a área é um dos principais factores que influenciam a produção de amendoim em Andhra Pradesh. Assim, pode inferir-se que os produtores de Andhra Pradesh responderam pela área cultivada com amendoim. Os coeficientes das variáveis pluviosidade no ano em curso, pluviosidade desfasada e área irrigada foram de 0,5595, 0,3757 e 0,2481, respetivamente. Todas estas variáveis estabeleceram uma relação positiva com a produção de amendoim em Andhra Pradesh, mas o seu efeito é insignificante. O coeficiente do preço de colheita desfasado (-0,4276) é negativo e insignificante. Foi observada uma relação negativa insignificante entre o preço e a produção de amendoim. Este efeito negativo e insignificante do preço indica que um aumento do Pt diminuirá a produção de amendoim no Estado de Andhra Pradesh durante o período pré-revolução verde.

Durante o período pós-revolução verde, verifica-se que quase todas as variáveis apresentam uma tendência semelhante à do período pré-revolução verde. O coeficiente da área cultivada é (1,1240) positivo e significativo. Foi registada uma relação positiva entre a área e a produção de amendoim. Um aumento de uma unidade de área aumenta a produção de amendoim em 1,124 unidades. Assim, também aqui a área cultivada é um fator importante para aumentar a produção de amendoim no Estado. Os coeficientes da precipitação no ano corrente (Wt) e da área irrigada (It) foram de 0,2964 e 0,2638, respetivamente. Estas variáveis revelam que existe um efeito positivo na produção de amendoim em Andhra Pradesh. O efeito destas variáveis não é significativo na produção de amendoim durante o período pós-revolução verde. Os coeficientes da precipitação desfasada e dos preços de colheita desfasados (-0,1357 e - 0,0612) são negativos e insignificantes. Regista-se que o efeito destas variáveis na produção de amendoim é negativo. Este efeito negativo e insignificante das variáveis indica que estas duas variáveis não estão a influenciar a produção de amendoim. Por conseguinte, a produção de amendoim não é sensível ao preço, mas apenas à área. A variável consumo de fertilizantes é (-0,0662) negativa e insignificante. Um aumento na variável Ft diminuirá o Ot. O coeficiente da nova variável Área cultivada com variedades de alto rendimento é de 0,0303. Verifica-se um efeito positivo desta variável na produção de amendoim em Andhra Pradesh, mas este efeito positivo na produção não é significativo. O valor do termo constante é -5,3339. É negativo e insignificante. O coeficiente de correlação múltipla é de 0,8402. O efeito combinado de todas estas variáveis independentes foi registado como 84%, ou seja, 84% da variação da produção de amendoim foi registada por estas variáveis selecionadas. Este efeito coletivo das variáveis endógenas na variável exógena produção de amendoim foi significativo a um nível de probabilidade de cinco por cento. Este facto é constatado pela estatística do teste F. O valor da correlação múltipla ajustada é de 0,7893.

Comparando as estimativas das variáveis em ambos os períodos, observa-se que a área cultivada (At) é um fator que influencia a produção de amendoim, no estado de Andhra Pradesh como um todo. Por conseguinte, a produção de amendoim é determinada apenas pela área do ano em curso. As variáveis precipitação no ano em curso e área irrigada revelam um efeito positivo na produção em ambos os períodos, mas este efeito na produção não é significativo. A variável efeito preço desfasado é negativa em ambos os períodos sobre a produção. Por conseguinte, o efeito do preço está ausente. Por conseguinte, a produção da cultura comercial do amendoim não reage aos preços, mas sim à superfície, no Estado de Andhra Pradesh. O coeficiente da área cultivada com variedades de alto rendimento é positivo e o efeito da variável consumo de fertilizantes é negativo e insignificante. Estas duas variáveis não estão a influenciar a produção de amendoim. Finalmente, pode dizer-se que a influência da nova variável na produção é inexistente no estado de Andhra Pradesh.

<u>**CANA-DE-AÇÚCAR:**</u>

Durante o período pré-revolução verde, todas as variáveis em consideração, exceto a precipitação, mostram uma relação positiva com a produção de cana-de-açúcar. A produção de cana-de-açúcar é respondida positivamente por quatro variáveis. O coeficiente da área cultivada com cana-de-açúcar (0,3863) é positivo. Um aumento em uma unidade de At aumentará a produção de cana em 0,39 unidades aproximadamente no estado. Os coeficientes de Área irrigada, Preço da colheita agrícola defasado e Precipitação pluviométrica defasada são 0,0367, 0,0414 e 0,1309 insignificantes. Isto significa que, por cada unidade de aumento destas variáveis, a produção de cana no Estado de Andhra Pradesh aumentará durante o período anterior à revolução verde. O coeficiente da precipitação é de -0,1551. É negativo e insignificante. Um aumento de uma unidade de precipitação diminui a produção de cana-de-açúcar em 0,16 unidades e esta diminuição não é significativa a um nível de probabilidade de cinco por cento. O valor do termo de interceção é 8,8584. Também é positivo e insignificante. O efeito combinado de todas as variáveis independentes é de 72 por cento. A partir do teste F, sabe-se que o efeito coletivo de todas as variáveis independentes na produção de cana-de-açúcar é insignificante. Verifica-se que mais de 72% da variação foi registada por estas variáveis independentes durante o período anterior à revolução verde em Andhra Pradesh. O valor da correlação múltipla ajustada é de 0,4434.

Durante o período pós-revolução verde, observa-se que o valor dos coeficientes de correlação múltipla é de 0,775 por cento. O efeito coletivo de todas as variáveis independentes na variável dependente, a produção de cana-de-açúcar, é de 77%. Cerca de 77% da variação na produção de cana foi registada por estas variáveis. A partir da estatística do teste F, verifica-se que o efeito coletivo das variáveis endógenas é significativo. O valor da correlação múltipla ajustada é de 0,7036. Os coeficientes da área irrigada são (0,5634) positivos e significativos. Foi registada uma relação positiva significativa entre a produção de cana e a variável It. Um aumento de uma unidade de área irrigada aumentará a produção de cana em aproximadamente 0,56 unidades. A terra irrigada é um fator importante que influencia a produção de cana-de-açúcar no estado de Andhra Pradesh. Entre as restantes variáveis, com exceção da Ft, todas estabelecem uma relação positiva com a produção de cana-de-açúcar. Os coeficientes da área cultivada (0,1315), da pluviosidade no ano em curso (0,0226), da pluviosidade desfasada (0,0696) e dos preços da colheita agrícola desfasados (0,1193) foram positivos, mas o seu efeito é insignificante na produção de cana-de-açúcar no Estado de Andhra Pradesh. Um aumento em cada unidade destas variáveis aumentará a produção de cana-de-açúcar. Por conseguinte, a produção de cana-de-açúcar é afetada positivamente por estas variáveis no Estado de Andhra Pradesh durante o período pós-revolução verde. A variável consumo de fertilizantes (Ft) é (- 0,3551) negativa e significativa. Um aumento de uma unidade de Ft diminuirá a produção de cana em 0,3551 unidades. Também revela que há alguma margem para aumentar a produção de cana através do aumento da utilização de fertilizantes no Estado de Andhra Pradesh durante o período pós-revolução verde. Outra variável, Área sob variedades de alto rendimento (0,1819), tem um efeito positivo e insignificante. Um aumento de uma unidade de área sob HYV aumentará a produção de cana em 0,18 unidades, mas este aumento da produção devido à HYV não é significativo durante o período pós-revolução verde. O termo constante é 7,6381. É positivo e significativo, o que indica que o efeito coletivo de outras variáveis, que não são consideradas no modelo, é positivo e significativo. Pode concluir-se que a influência de outras variáveis na produção é notada.

Comparando os valores estimados, durante o período pré-revolução verde e o período pós-revolução verde, a produção de cana de açúcar foi respondida pela área irrigada positivamente durante os dois períodos. Uma resposta significativa de It na produção foi registada durante o período pós-revolução verde. Os coeficientes de Área cultivada, preço de colheita agrícola desfasado, precipitação desfasada tiveram um efeito positivo em ambos os períodos. Mas o seu efeito na produção não é significativo no presente estudo. O coeficiente da precipitação no ano corrente foi positivo durante o período pós-revolução verde, mas foi negativo durante o período pré-revolução verde. Assim, a produção de cana é afetada pela precipitação em sentido oposto nos dois períodos. O coeficiente positivo da variável "variedades de alto rendimento" revela que a produção de cana foi afetada positivamente por esta variável em Andhra Pradesh. O coeficiente negativo e significativo do consumo de fertilizantes na produção de cana para aumentar a produção de cana-de-açúcar no Estado de Andhra Pradesh permite inferir que o consumo de fertilizantes não deve ser suficiente.

CAPÍTULO 7: **Resposta do rendimento das culturas do amendoim e da cana-de-açúcar**

7.1 INTRODUÇÃO:

Para estudar a resposta do rendimento de duas culturas comerciais selecionadas, o amendoim e a cana-de-açúcar, em dois períodos. Período pré-revolução verde e período pós-revolução verde, foram adoptados os modelos de regressão logarítmica linear múltipla. O presente estudo foi efectuado em três regiões, nomeadamente Rayalaseema, Coastal Andhra, Telangana e o Estado de Andhra Pradesh no seu conjunto. No presente estudo, a variável exógena (dependente) é o rendimento da cultura no ano em curso (Yt), e as variáveis endógenas (independentes) são a precipitação no ano em curso (Wt), a precipitação desfasada (Wt -1), a área irrigada (It) e os preços das colheitas agrícolas desfasados (Pt - 1). Estas variáveis independentes foram utilizadas para efetuar estimativas nos períodos pré e pós-revolução verde, mas foram acrescentadas outras duas variáveis independentes durante as estimativas pós-revolução verde, ou seja, o consumo de fertilizantes (Ft) e a área cultivada com variedades de elevado rendimento (Ht). Os dados foram introduzidos nas equações 7 e 8, ou seja, nas funções de resposta à produção e os resultados foram apresentados no quadro 7.1. Os coeficientes estimados das variáveis têm implicações diferentes e foram efectuados em conformidade.

Quadro 7.1
Estimativa das funções de resposta do rendimento das culturas de amendoim e cana-de-açúcar

REGION/CROP	PERIOD	Bo	wt	wt-1	It	Pt-1	Ft	Ht	R^2	$\bar{R}^2$	F
Rayalaseema Groundnut	Pre-green	0.6999 (3.6271)	0.2607 (0.3459)	0.3520 (0.3731)	0.3391 (0.1989)	-0.3922 (0.2367)	*****	*****	0.4068	0.0114	1.0288
	Post-green	2.0722 (3.6461)	0.4470* (0.2023)	-0.4721* (0.2109)	0.5853* (0.1924)	-0.1618 (0.1834)	-0.0527 (0.1805)	-0.0515 (0.2507)	0.5694	0.4571	5.0695*
Rayalaseema Sugarcane	Pre-green	9.7471* (1.7595)	-0.1550 (0.1460)	0.1010 (0.1448)	-0.0204 (0.0723)	-0.0503 (0.0357)	*****	*****	0.4738	0.1230	1.3505
	Post-green	5.7774 (3.2777)	0.1943 (0.2160)	0.0980 (0.2177)	0.2342 (0.2035)	0.0560 (0.1639)	-0.2289 (0.1728)	0.1446 (0.2636)	0.1455	-0.0774	0.6526
Coastal Andhra Groundnut	Pre-green	8.0397* (0.7143)	-0.0994 (0.0594)	-0.1202* (0.0510)	0.0828* (0.0373)	-0.1419* (0.0573)	*****	*****	0.6403	0.4005	2.6704
	Post-green	5.1478* (1.2312)	-0.0597 (0.1196)	-0.0451 (0.1170)	0.0744 (0.0504)	-0.0043 (0.02221)	0.1015 (0.0634)	0.0523 (0.1447)	0.5862	0.4783	5.4317*
Coastal Andhra Sugarcane	Pre-green	9.8574 (1.2421)	-0.0339 (0.0781)	0.0561 (0.0783)	-0.08886 (0.0871)	-0.0024 (0.0356)	*****	*****	0.1954	-0.3410	0.3642
	Post-green	11.9268* (2.5186)	-0.0344 (0.1980)	-0.0476 (0.2011)	-0.1171 (0.1597)	0.1686 (0.1213)	-0.2846* (0.1317)	0.1958 (0.2407)	0.2894	0.1040	1.5612
REGION/CROP	PERIOD	Bo	wt	wt-1	It	Pt-1	Ft	Ht	R^2	$\bar{R}^2$	F
Telangana Groundnut	Pre-green	-3.5164 (7.4058)	-0.0286 (0.6403)	1.2181 (0.8387)	0.3263 (0.2536)	-0.3343 (0.5067)	*****	****	0.3336	-0.1107	0.7508
	Post-green	2.4505* (1.2628)	0.5136* (0.1208)	0.0443 (0.1309)	0.0820 (0.1215)	0.2643* (0.1283)	-0.2049 (0.1299)	0.0549 (0.2246)	0.6368	0.5421	6.7219*
Telangana Sugarcane	Pre-green	4.0782 (9.2630)	0.7292 (0.9346)	-0.3581 (1.2241)	0.2413 (0.3992)	-0.0361 (0.1179)	*****	*****	0.1635	-0.3942	0.2931
	Post-green	10.0060* (2.8282)	0.0853 (0.3048)	0.1686 (0.3381)	0.1278 (0.0811)	0.2752 (0.1888)	-0.3983 (0.2491)	-0.1085 (0.5440)	0.2600	0.0669	1.3464
Andhra Pradesh Groundnut	Pre-green	-0.2443 (3.1149)	0.5022 (0.2937)	0.1753 (0.2952)	0.2618 (0.1652)	-0.1889 (0.2055)	*****	*****	0.5837	0.3062	2.1034
	Post-green	2.6547 (2.0715)	0.3402 (0.1909)	-0.1085 (0.1987)	0.3198* (0.1124)	-0.0484 (0.1439)	-0.0367 (0.1622)	-0.0894 (0.2541)	0.3849	0.2245	2.3990
Andhra Pradesh Sugarcane	Pre-green	7.8475 (2.0183)	-0.0440 (0.1652)	0.2193 (0.1596)	0.0123 (0.0767)	-0.0427 (0.0456)	*****	*****	0.5336	0.2226	1.7160
	Post-green	9.7932 (2.7788)	0.0473 (0.2147)	0.1089 (0.2178)	0.0828 (0.2174)	0.1886 (0.1234)	-0.3441* (0.1352)	0.0755 (0.2784)	0.3320	0.1577	1.9050

Nota: * Significativo ao nível de cinco por cento de probabilidade.
Os valores entre parênteses são os erros-padrão das estimativas.

7.2 REGIÃO DE RAYALASEEMA:
NOZ-DA-TERRA:

A partir da tabela 7.1 acima, o coeficiente de correlação múltipla (R^2) é 0,4068. Indica que o efeito coletivo de todas as variáveis independentes na variável dependente rendimento do amendoim, durante o período da Pré-Revolução Verde, é de 41% no máximo. A partir da estatística do teste F, verifica-se que é insignificante. O valor da correlação múltipla ajustada ($\overline{R}^2$) é de 0,0114. Neste caso, nos coeficientes estimados, nenhuma variável endógena apresenta um efeito significativo no rendimento. Todas as variáveis, exceto o preço desfasado, estão positivamente associadas à variável dependente rendimento do amendoim na região de Rayalaseema. Os coeficientes da precipitação no ano em curso (0,2607), da precipitação desfasada (0,3520) e da área irrigada (0,3391) estão positivamente associados ao rendimento do amendoim nesta região. Pela estatística do teste F, o efeito destas variáveis individuais não é significativo no rendimento do amendoim durante o período da Pré-Revolução Verde. Os coeficientes dos preços desfasados da colheita agrícola (-0,39922) são negativos e insignificantes. Este sinal negativo e insignificante indica que os preços não estão a influenciar os produtores de amendoim no sentido de aumentarem o rendimento da cultura durante o período anterior à revolução verde na região de Rayalaseema. O valor do termo constante é 0,6999, também positivo mas não significativo.

Durante o período pós-revolução verde, o efeito da maioria das variáveis independentes no rendimento do amendoim é negativo. Apenas duas variáveis independentes, a precipitação no ano em curso (Wt) e a área irrigada (It), estabeleceram uma relação positiva e significativa com o rendimento do amendoim na região de Rayalaseema. Os coeficientes de Wt e It são 0,4470 e 0,5853. Isto indica que a precipitação e a área irrigada estão a influenciar positivamente o rendimento do amendoim. Por conseguinte, os produtores de amendoim são afectados significativamente por estas duas variáveis. Um aumento de uma unidade em cada uma destas variáveis fará aumentar o rendimento do amendoim em 0,45 e 0,50 unidades. O coeficiente da precipitação desfasada (-0,4721) é negativo e significativo. Existe uma relação negativa significativa entre a precipitação desfasada e o rendimento do amendoim. Este sinal negativo e significativo indica que o rendimento do amendoim pode ser aumentado por mais precipitação durante o último ano. Os coeficientes do preço da colheita agrícola desfasado (-0,1618), do consumo de fertilizantes (-0,0527) e da área cultivada com variedades de alto rendimento (-0,050) são negativos e insignificantes. Cada aumento de uma unidade em cada uma destas três variáveis pode diminuir o rendimento do amendoim em 0,16, 0,05 e 0,05 unidades. Isto revela que as variáveis acima referidas não estão a influenciar o aumento do rendimento do amendoim na região. O termo constante é 2,0722, também é positivo mas não significativo. O coeficiente de correlação múltipla é de 0,5694. O efeito combinado de todas as variáveis independentes é de 57%. Quase 57% da variação do rendimento pode ser registada por estas variáveis. A partir da estatística do teste F, verifica-se que o efeito coletivo das variáveis independentes é significativo. O valor da correlação múltipla ajustada é de 0,4571. As duas novas variáveis, consumo de fertilizantes e área cultivada com variedades de alto rendimento, não estão a influenciar (expressaram um efeito negativo) o rendimento do amendoim durante o período pós-revolução verde em Rayalaseema de Andhra Pradesh.

Comparando as estimativas das equações em ambos os períodos, observa-se que o efeito da área irrigada é positivo, mas é significativo apenas durante o período pós-revolução verde. Isto significa que a área irrigada estava a influenciar os produtores de amendoim a aumentar o rendimento do amendoim durante o período pós-revolução verde. A variável precipitação também está a expressar os mesmos resultados de acordo com a área irrigada durante o período pós-revolução verde. O sinal dos coeficientes da precipitação desfasada estava em direcções opostas. Isto significa que os produtores de amendoim não estão a influenciar o aumento do rendimento do amendoim com a precipitação desfasada. O efeito desfasado do preço da colheita agrícola é negativo e insignificante. Na totalidade, o efeito do preço não afecta o rendimento do amendoim. Por conseguinte, os preços não estão a influenciar os produtores de amendoim na região de Rayalaseema. As novas variáveis, o consumo de fertilizantes e o efeito da área cultivada com variedades de alto rendimento sobre o rendimento do amendoim, foram negativas. Isto significa que estas duas variáveis não estão a influenciar positivamente o aumento do rendimento do amendoim na região de Rayalaseema. Por fim, pode concluir-se que o rendimento da cultura comercial do amendoim é influenciado principalmente pela água de rega e pela precipitação, mas não pelos seus preços.

CANA-DE-AÇÚCAR:

Durante o período anterior à revolução verde, a partir da tabela 7.1, observa-se que o sinal da maioria das variáveis independentes selecionadas era negativo e insignificante. Apenas uma variável independente, a precipitação desfasada (Wt-1) é positiva. Os coeficientes da precipitação no ano atual, da área irrigada e dos preços de colheita agrícolas desfasados (-0,1550, -0,0204 e -0,0503) foram negativos e insignificantes. Foi observada uma relação negativa entre a produção de cana-de-açúcar e cada uma dessas variáveis acima durante o período pré-revolução verde. O coeficiente negativo e insignificante revela que um aumento nessas variáveis independentes diminuirá o rendimento da cana, mas essa diminuição é insignificante. Assim, pode dizer-se que o rendimento da cana não é afetado pelo preço, pela área irrigada e pela precipitação durante o período anterior à revolução verde. O termo constante é 9,7471, é positivo e significativo. Verifica-se que o efeito de outras variáveis que não são consideradas no modelo sobre o rendimento da cana é significativo. Por conseguinte, os produtores de cana não são afectados pelo preço e pela irrigação. O coeficiente de correlação múltipla é de 0,4738. O efeito combinado de todas as variáveis independentes é de 47%. Mais de 47% da variação foi registada pela variável selecionada neste período. A partir da estatística do teste F, o conjunto das variáveis independentes é considerado insignificante. O valor da correlação múltipla ajustada ($\bar{R}^2$) é de 0,1230.

Durante o período pós-revolução verde, o coeficiente de correlação múltipla é de 0,1455. O efeito coletivo de todas as variáveis independentes na variável dependente, a produção de cana-de-açúcar, é de 14%. A partir da estatística do teste F, provou-se que o efeito coletivo é insignificante. Apenas 14 por cento da variação foi registada na produção de cana por estas variáveis. O valor da correlação múltipla ajustada ($\bar{R}^2$) é -0,0774. A partir dos coeficientes estimados das variáveis, verifica-se que quase todas as variáveis endógenas estabeleceram uma relação positiva com o rendimento da cana, mas não é significativa. Mas não é significativa. Os coeficientes da precipitação no ano atual (0,1934), da precipitação desfasada (0,0980), da área irrigada (0,2342) e do preço desfasado (0,0506) são positivos e insignificantes. Um aumento destas variáveis individualmente também aumentará o rendimento da cana, mas o aumento não é significativo. Por conseguinte, a produção de cana-de-açúcar não é afetada por estas variáveis de forma significativa. Assim, o rendimento da cana-de-açúcar não é sensível ao preço e à irrigação na região. O coeficiente do consumo de fertilizantes é (-0,2289) negativo e insignificante. O rendimento da cana pode diminuir com o aumento do consumo de fertilizantes. Isto significa que o consumo de fertilizantes não é um fator de influência. A variável independente, Área sob Variedades de Elevado Rendimento (0,1446) está a expressar uma relação positiva com o rendimento da cana. O valor do termo constante é 5,7774, é positivo mas não significativo.

Comparando as estimativas no período pré-revolução verde e no período pós-revolução verde, observa-se que nenhuma variável independente está a influenciar significativamente o rendimento da cana. O efeito da precipitação sobre o rendimento da cana está na direção oposta em ambos os períodos. O coeficiente da precipitação desfasada está a influenciar positivamente o rendimento da cana em ambos os períodos, mas não é significativo. Isto significa que a precipitação é um fator que influencia o aumento da produção de cana-de-açúcar na região de Rayalaseema. Os coeficientes da área irrigada são positivos durante o período pós-revolução verde, mas o seu efeito foi negativo no período pré-revolução verde. No caso dos preços desfasados da colheita agrícola, observou-se a mesma tendência que no caso da área irrigada. Também aqui a variável foi positiva e insignificante durante o período pós-verde, mas foi negativa e insignificante durante o período pré-revolução verde. Por conseguinte, os preços não estão a influenciar a produção de cana na região de Rayalaseema. O consumo de fertilizantes tem um impacto negativo no rendimento da cana. O impacto da área HYV no rendimento da cana é positivo. Assim, pode notar-se que o rendimento da cana-de-açúcar não foi influenciado pelas variáveis selecionadas na região de Rayalaseema.

7.3 REGIÃO COSTEIRA DE ANDHRA:

<u>NOZ-DA-TERRA:</u>

O quadro 7.1 revela que o efeito coletivo de todas as variáveis independentes sobre a variável dependente, o rendimento do amendoim, durante o período anterior à revolução verde é de 64%, uma vez que o coeficiente de correlação múltipla é de 0,6403. O efeito coletivo das variáveis endógenas no rendimento do amendoim não é significativo a um nível de probabilidade de cinco por cento. O valor da correlação múltipla ajustada ($\bar{R}^2$) é de 0,4005. Aqui, o coeficiente da área irrigada (0,0828) é positivo e significativo. Existe uma relação positiva e significativa entre It e Yt. O rendimento do amendoim foi influenciado pela área irrigada. Por conseguinte, o rendimento das culturas foi influenciado pela área irrigada na região costeira de Andhra. O coeficiente da precipitação desfasada e dos preços da colheita agrícola desfasados foi negativo e significativo. Cada aumento em cada uma destas variáveis diminuirá significativamente o rendimento. O sinal negativo significativo indica que estas variáveis não estão a incentivar os produtores a aumentar o rendimento. Ao oferecer preços atractivos aos seus produtores, o rendimento pode aumentar. Por conseguinte, a produção de amendoim não é afetada pelos preços, mas sim pela área irrigada. O coeficiente da precipitação no ano em curso (-0,0994) é negativo e insignificante. O efeito da variável pluviosidade no rendimento do amendoim é negativo. A constante ou termo de interceção é 8,0397. É positivo e significativo. Significa que o efeito combinado de outras variáveis no rendimento do amendoim é positivo e significativo na região de Coastal Andhra.

Durante o período pós-revolução verde, observa-se que metade das variáveis independentes expressou uma relação positiva e a outra metade expressou uma relação negativa com a variável dependente rendimento do amendoim na região de Coastal Andhra. Nenhuma variável revela um efeito significativo no rendimento do amendoim na região de Coastal Andhra. Os coeficientes da precipitação no ano atual (-0,0597) e da precipitação desfasada (-0,0451) foram negativos e insignificantes. Estes coeficientes negativos estabelecem uma relação negativa. Por cada aumento de uma unidade em cada uma destas duas variáveis, o rendimento do amendoim diminui em 0,06 e 0,05 unidades, respetivamente. O coeficiente do preço de colheita desfasado (-0,0043) é negativo e insignificante. Foi observada uma relação negativa insignificante entre o rendimento do amendoim e a variável preço. Os preços de colheita não estão a incentivar os produtores de cana a aumentar o seu rendimento. Por conseguinte, o rendimento da cana não reage aos preços. O coeficiente da área irrigada (0,0744) é positivo. Ao aumentar a área irrigada, o rendimento do amendoim pode aumentar, mas este aumento não é significativo. Os coeficientes de duas variáveis independentes, que não são tidas em conta durante as respostas de rendimento do período anterior à revolução verde, o consumo de fertilizantes (0,1015) e a área cultivada com variedades de alto rendimento (0,0523) foram positivos, mas não são significativos. Um aumento nestas duas variáveis aumentará o amendoim no período pós-revolução verde. Mas estas duas variáveis não estão a encorajar os produtores de amendoim a um nível significativo. O termo constante é 5,1487, é positivo e significativo, ou seja, as outras variáveis também influenciam o rendimento do amendoim na região costeira de Andhra. O coeficiente de correlação múltipla é de 0,5862. O efeito combinado de todas as variáveis independentes é de 59%. Quase 59% da variação do rendimento do amendoim foi registada por estas variáveis. Este efeito coletivo das variáveis independentes no rendimento do amendoim é significativo a um nível de probabilidade de cinco por cento. O valor da correlação múltipla ajustada (R_2) é de 0,4783.

Comparando as estimativas da variável em ambos os períodos, nota-se que a variável Área irrigada estava a influenciar positivamente o rendimento do amendoim. No período anterior à revolução verde, a sua influência é significativa, mas não é significativa no período posterior à evolução verde. Isto significa que as condições de irrigação estão a incentivar os produtores de amendoim a aumentar os rendimentos na região costeira de Andhra. Os coeficientes dos preços desfasados da colheita agrícola são negativos, mas só são significativos no período anterior à revolução verde. Os preços desfasados não incentivam os produtores de amendoim a aumentar o seu rendimento em ambos os períodos. Há alguma margem para aumentar o rendimento da cultura oferecendo preços atractivos na região costeira de Andhra. A mesma tendência foi observada no caso da variável precipitação desfasada. O efeito da precipitação no ano em curso é também negativo e insignificante, em ambos os períodos. Isto indica que a precipitação não está a encorajar os produtores de amendoim na região de Coastal Andhra. O termo de interceção é positivamente significativo em ambos os períodos, o que significa que os efeitos colectivos de outras variáveis também incentivam os produtores de amendoim a aumentar o rendimento do amendoim na região. O efeito das variáveis consumo de fertilizantes e área cultivada com variedades de alto rendimento sobre o rendimento do amendoim é positivo no período pós-revolução verde. A produtividade do amendoim foi influenciada por Ft e Ht. Finalmente, pode concluir-se que a cultura comercial do amendoim não é afetada pelo preço, mas pela área irrigada na região costeira de Andhra.

<u>**CANA-DE-AÇÚCAR:**</u>

No caso do rendimento da cana-de-açúcar, durante o período anterior à revolução verde na região costeira de Andhra, quase todas as variáveis independentes (endógenas) selecionadas expressaram uma relação negativa e insignificante com a variável dependente (exógena). Mas apenas a precipitação desfasada apresentou uma relação positiva e insignificante. O coeficiente da precipitação desfasada (0,0561) é positivo. Um aumento desta variável aumentará a produção de cana na região, mas não é significativo. Os coeficientes da precipitação no ano atual (-0,0339), da área irrigada (-0,0889) e dos preços da colheita agrícola desfasados (-0,0029) são negativos e insignificantes. A produtividade da cana-de-açúcar pode diminuir com o aumento de cada uma destas variáveis, mas não se trata de uma diminuição significativa. Este efeito negativo e insignificante destas três variáveis independentes indica que a produtividade da cana não foi afetada por estas variáveis. Assim, infere-se que o rendimento da cana-de-açúcar não é afetado pelos preços e pelas fontes de água. O termo constante é 9,8574. Ele também é positivo, mas não significativo. O coeficiente de correlação múltipla é 0,1954. O efeito combinado de todas as variáveis independentes é de quase 20 por cento. A partir da estatística do teste F, o efeito coletivo das variáveis independentes é considerado insignificante. O valor da correlação múltipla ajustada ($\bar{R}^2$) é de 0,1040.

O coeficiente de correlação múltipla entre as variáveis endógenas e exógenas durante o período pós-revolução verde é de 0,2894. O efeito coletivo de todas as variáveis independentes na variável dependente rendimento da cana-de-açúcar é de 29%. Cerca de 29% da variação no rendimento da cana foi registada por estas variáveis. A partir da estatística do teste F, este efeito coletivo das variáveis independentes é considerado insignificante. O valor da correlação múltipla ajustada ($\bar{R}^2$) é de 0,1040. O coeficiente do preço da colheita agrícola desfasado (0,1686) é positivo mas não significativo. Um aumento desta variável aumentará muito pouco o rendimento da cana e este aumento não é significativo. Por conseguinte, o efeito do preço sobre o rendimento da cana não foi observado na região costeira de Andhra durante o período pós-verde. Os coeficientes da precipitação no ano atual (-0,0344), da precipitação desfasada (-0,0476) e da área irrigada (-0,1171) foram negativos e insignificantes. Cada aumento de uma unidade nessas variáveis diminuirá a produção de cana-de-açúcar em 0,03, 0,05 e 0,12 unidades, respetivamente. Este coeficiente negativo e insignificante das variáveis expressa que o rendimento da cana não foi influenciado por estas variáveis. Os produtores de cana são negativamente afectados por estas variáveis nesta região de Andhra Pradesh. O coeficiente do consumo de fertilizantes (-0,2846) é negativo e significativo. O rendimento da cana-de-açúcar foi significativamente afetado pelo Ft em sentido negativo. Este efeito negativo significativo indica que a utilização insuficiente de fertilizantes terá um efeito negativo no rendimento da cana-de-açúcar na região costeira de Andhra Pradesh. Ao aumentar a variável Ft, é possível aumentar o rendimento da cana. O coeficiente da área HYV (0,1958) é positivo mas não significativo, ou seja, cada aumento de uma unidade na área HYV aumentará a produtividade da cana em 0,2 unidades. Esse aumento não é significativo. Assim, a produtividade da cana-de-açúcar foi positivamente afetada pelo preço desfasado e pela área de HYV na região costeira de Andhra durante o período pós-revolução verde. O termo constante é 11,9268. É positivo e significativo. As outras variáveis, que não são consideradas na nossa função de resposta ao rendimento, registaram um efeito positivo e significativo no rendimento da cana-de-açúcar na região costeira de Andhra durante o período pós-revolução verde.

Comparando os coeficientes estimados do período pré-revolução verde com o período pós-revolução verde, o efeito de qualquer variável na produção de cana-de-açúcar não é positivo e significativo. O coeficiente do preço da colheita agrícola desfasado foi positivo durante o período pós-revolução verde, mas é negativo no período pré-verde. Por conseguinte, o efeito do preço sobre o rendimento da cana-de-açúcar foi totalmente inexistente. Por conseguinte, os produtores de cana não são afectados pelo preço desfasado. O efeito da variável precipitação do ano atual na produção de cana também é negativo. A área irrigada também tem uma relação negativa com a produtividade da cana. Pode notar-se que o efeito destas duas variáveis também está ausente na produtividade. Finalmente, pode-se concluir que as principais variáveis não estão a influenciar a produtividade da cana. O efeito da variável Consumo de Fertilizante é negativo e significativo na produtividade da cana. Isso indica que há uma pequena margem para aumentar o rendimento consumindo mais fertilizantes. A variável Área sob Vertentes de Alto Rendimento foi associada positivamente ao rendimento da cana-de-açúcar na região costeira de Andhra. Estas duas variáveis não são consideradas nas estimativas de resposta do rendimento pré-verde.

7.4 REGIÃO DE TELANGANA:

<u>NOZ-DA-TERRA:</u>

Durante o período de pré-revolução verde na região de Telangana, observa-se que o rendimento do amendoim foi positivamente respondido apenas pelas variáveis Wt-1 e It. As restantes variáveis, com exceção de Wt e Pt-1, expressam uma relação negativa com o rendimento da cultura. Nenhuma das variáveis selecionadas revela um efeito significativo no rendimento do amendoim. O coeficiente da área irrigada (0,3263) é positivo. Um aumento de uma unidade aumentará o rendimento do amendoim em 0,33 unidades durante o período da Pré-Revolução Verde. O coeficiente da precipitação desfasada (1,2181) é positivo mas não significativo. Cada aumento de uma unidade nesta variável aumentará o rendimento em 1,22 unidades. Mas este aumento não é significativo. Os coeficientes da precipitação no ano atual (-0,0256) e do preço da colheita agrícola desfasado (-0,3343) são negativos e não significativos. Um aumento destas variáveis diminuirá a produtividade do amendoim em 0,03 e 0,33 unidades, respetivamente, na região de Telangana. Estes coeficientes negativos e insignificantes indicam que estas variáveis estão a influenciar negativamente o rendimento do amendoim durante o período da pré-revolução verde. O termo constante é -3,5164, é negativo e insignificante. Isto significa que as outras variáveis independentes também estão a influenciar negativamente o rendimento do amendoim na região de Telangana. O valor do coeficiente de correlação múltipla é 0,3336. O efeito combinado das variáveis independentes é de 33%. Mais de 33% da variação do rendimento do amendoim foi registada por estas variáveis. A partir da estatística do teste F, o efeito coletivo de todas as variáveis endógenas foi considerado insignificante. O valor da correlação múltipla ajustada ($\bar{R}^2$) é de -0,1107.

Durante o período pós-revolução verde, verifica-se que o efeito coletivo de todas as variáveis endógenas (independentes) sobre a variável exógena (dependente), o rendimento do amendoim, é de 64%, uma vez que o valor de R^2 é de 0,6368. A partir da estatística do teste F, o efeito coletivo das variáveis independentes no rendimento do amendoim é significativo a um nível de probabilidade de cinco por cento. O valor do coeficiente de correlação múltipla ajustado ($\bar{R}^2$) é de 0,5421. No caso das variáveis endógenas, o coeficiente do preço de colheita desfasado (0,2643) é positivo e significativo. Existe uma relação direta entre o preço e o rendimento do amendoim. Isto significa que o preço é o principal fator que influencia o rendimento do amendoim na região de Telangana. Por conseguinte, o rendimento do amendoim foi influenciado pelo preço desfasado na região durante o período pós-revolução verde. O coeficiente da precipitação no ano em curso (0,5136) é positivo e também significativo. Foi estabelecida uma relação positiva e significativa entre a precipitação e o rendimento do amendoim durante o período pós-revolução verde na região de Telangana. Um aumento unitário da precipitação aumentará o rendimento da cultura em 0,51 unidades. Assim, a precipitação é também um fator importante para aumentar o rendimento do amendoim durante o período pós-revolução verde. Os coeficientes da precipitação desfasada (0,0443) e das áreas irrigadas

(0,0820) também foram positivos mas não significativos. Foi observada uma relação direta entre o rendimento e cada uma destas duas variáveis na região. Assim, os produtores de amendoim responderam positivamente a estas variáveis. O coeficiente da variável consumo de fertilizantes é negativo e insignificante. O rendimento do amendoim diminuiu com o aumento do consumo de fertilizantes durante o período pós-revolução verde. O coeficiente da área cultivada com variedades de alto rendimento (0,0540) é positivamente insignificante. Um aumento da unidade HYV aumentará o rendimento da cultura no período pós-revolução verde. Por conseguinte, pode inferir-se que as duas novas variáveis não estão a influenciar muito o rendimento do amendoim. Por último, pode concluir-se que a produtividade do amendoim foi sensível aos preços e à precipitação em Telangana durante o período pós-revolução verde. O termo constante é 2,4505, sendo também positivo e significativo. Este valor positivo e significativo indica que algumas outras variáveis influenciam coletivamente o rendimento da cultura na região de Telangana no período pós-revolução verde.

Comparando os coeficientes de regressão nos períodos pré e pós-revolução verde, observa-se que os produtores de amendoim responderam aos preços desfasados e à precipitação do ano em curso durante o período pós-revolução verde, mas o seu efeito é negativo durante o período pré-revolução verde. Na região de Telangana, observou-se uma reação negativa destas variáveis no rendimento do amendoim durante o período anterior à revolução verde. Cada aumento destas variáveis diminuirá o rendimento durante o período da Pré-Revolução Verde, enquanto no período da Pós-Revolução Verde a produtividade aumentará a um nível significativo. As variáveis precipitação desfasada e área irrigada incentivam positivamente os cultivadores de amendoim em ambos os períodos, mas este incentivo não foi significativo em ambos os períodos. O consumo de fertilizantes teve um efeito negativo e insignificante e a área cultivada com variedades de alto rendimento teve um efeito positivo e insignificante no rendimento do amendoim durante o período pós-revolução verde na região de Telangana. Por último, pode inferir-se que o rendimento do amendoim foi afetado pelos preços e pela precipitação apenas durante o período pós-revolução verde.

CANA-DE-AÇÚCAR:

A partir da tabela 7.1, observa-se que o efeito coletivo de todas as variáveis endógenas sobre a variável exógena rendimento da cana-de-açúcar durante o período da Pré-Revolução Verde é de 16%. Apenas uma pequena variação, ou seja, 16%, foi registada por estas variáveis independentes. A partir da estatística do teste F, o efeito coletivo do fator no rendimento da cana-de-açúcar é considerado insignificante. O valor da correlação múltipla ajustada ($\bar{R}^2$) é - 0,3942. Os coeficientes da área irrigada (0,2413) e da precipitação (0,7292) foram positivos. O aumento de uma unidade nestas variáveis aumentará o rendimento da cana em 0,24 e 0,73 unidades, respetivamente, durante o período anterior à revolução verde na região de Telangana, mas este aumento do rendimento é insignificante. Por conseguinte, os produtores de cana-de-açúcar são afectados positivamente por estas variáveis, mas não de forma significativa durante o período anterior à revolução verde. Os coeficientes da precipitação desfasada (-0,3581) e do preço da colheita agrícola desfasado (-0,0361) foram negativos e insignificantes. Verificou-se uma relação negativa entre cada uma destas duas variáveis e o rendimento da cana na região de Telangana. Um aumento de uma unidade em cada uma destas variáveis diminuirá a produtividade em 0,36 e 0,04 unidades, respetivamente. Isto significa que as duas variáveis independentes acima referidas não estavam a influenciar os produtores de cana-de-açúcar no sentido de obterem um melhor rendimento. Assim, verifica-se que o rendimento da cana-de-açúcar não é sensível ao preço na região de Telangana durante o período anterior à revolução verde. O termo constante é 4,0782 e é positivo. Verifica-se que os outros factores também influenciam positivamente o rendimento da cana.

Durante o período pós-revolução verde, nenhum efeito de uma variável independente é significativo, nem positiva nem negativamente, na variável dependente rendimento da cana de açúcar. Mas a maioria das variáveis mostrava um efeito positivo e insignificante no rendimento da cana. As variáveis que não são levadas em conta nas estimativas de resposta de rendimento da Pré-Revolução Verde, Consumo de fertilizante (Ft) e Área sob Variedades de Alto Rendimento (Ht) expressaram uma relação negativa e insignificante com o rendimento durante o período Pós-Revolução Verde. Estas duas variáveis tiveram uma influência negativa no rendimento da cana-de-açúcar na região de Telangana. Os coeficientes de precipitação (0,0853), precipitação desfasada (0,1686), área irrigada (0,1278) e preços da colheita agrícola (0,2752) foram positivos mas não significativos. Todas estas quatro variáveis estabeleceram uma relação positiva, individualmente, com a produção de cana na região. Mas a influência dessas variáveis no rendimento da cana-de-açúcar é insignificante. Assim, foi observada a resposta do preço e dos recursos hídricos sobre o rendimento da cana. Os preços não estão a incentivar muito os produtores a aumentar o rendimento das culturas durante o período pós-revolução verde na região de Telangana. O valor do termo constante é 10,0060, é positivo e significativo. Significa que o efeito coletivo de outras variáveis independentes, que não são consideradas nas nossas estimativas de resposta à produção, influenciam significativamente a produção de cana-de-açúcar. O valor dos coeficientes de correlação múltipla é de 0,2600. Observa-se que o efeito coletivo de todas as variáveis endógenas sobre a variável exógena, a produção de cana-de-açúcar, durante o período pós-revolução verde é de 26%. Apenas 26% da variação na produção de cana foi observada por essas variáveis. A partir da estatística do teste F, este efeito coletivo das variáveis independentes é considerado insignificante. O valor da correlação múltipla ajustada ($\bar{R}^2$) é de 0,0669.

Comparando os coeficientes estimados das variáveis no período anterior à revolução verde com o período posterior à revolução verde, observa-se que nenhuma variável influencia significativamente a variável dependente, o rendimento da cana-de-açúcar na região de Telangana. Os coeficientes das variáveis precipitação no ano corrente e área irrigada estão a associar-se positivamente à variável dependente rendimento da cana-de-açúcar na região de Telangana. Mas esta associação positiva não é significativa. A precipitação desfasada e o preço de colheita desfasado associaram-se negativa e positivamente ao rendimento da cana-de-açúcar durante os períodos pré e pós-revolução verde, respetivamente. Os produtores de cana-de-açúcar não respondem a estas duas variáveis para aumentar o rendimento da cultura em ambos os períodos. Por conseguinte, o rendimento da cana não é afetado pelo preço. As duas variáveis, que não são consideradas na função de resposta do rendimento do período pré-revolução verde, estão a expressar o efeito negativo insignificante no rendimento da cana-de-açúcar no período pós-revolução verde. Ao utilizar estas duas variáveis, o rendimento da cana pode ser reduzido no período pós-revolução verde. O valor do termo constante é positivo e significativo durante o período pós-revolução verde. Isto significa que outros factores também influenciam o rendimento da cana. Mas este termo constante foi positivo, mas não significativo, durante o período pré-revolução verde.

7.5 ANDHRA PRADESH:

NOZ-DA-TERRA:

O coeficiente de correlação múltipla é de 0,5837. Observa-se que o efeito coletivo de todas as variáveis independentes sobre a variável dependente, o rendimento do amendoim durante o período da pré-revolução verde em todo o estado de Andhra Pradesh, é de 58%. Mais de 58% da variação do rendimento do amendoim foi registada por estas variáveis selecionadas em Andhra Pradesh. A partir da estatística do teste F, o efeito coletivo das variáveis independentes é considerado insignificante. O valor da correlação múltipla ajustada é de 0,3062. Observando os coeficientes estimados, nenhuma variável é significativa ao associar-se à variável dependente, o rendimento do amendoim, mas a maioria das variáveis associa-se positivamente ao rendimento do amendoim no Estado de Andhra Pradesh. O coeficiente da área irrigada é (0,2618) positivo. Existe uma relação direta entre It e Yt. Um aumento de uma unidade na área irrigada aumentará a produtividade do amendoim em 0,26 unidades em Andhra Pradesh. Mas este efeito positivo é insignificante no rendimento do amendoim. Isto significa que os produtores de amendoim no Estado de Andhra Pradesh são influenciados positivamente pelas terras irrigadas no aumento do rendimento do amendoim, mas este efeito positivo é insignificante. Os coeficientes da precipitação no ano em curso (0,5022) e da precipitação desfasada (0,1753) foram positivos mas não significativos. Um aumento de uma unidade em cada uma destas variáveis fará aumentar o rendimento do amendoim em 0,50 e 0,18 unidades, respetivamente, no Estado de Andhra Pradesh. O coeficiente do preço de colheita desfasado (-0,1889) é negativo e insignificante. Um aumento unitário do preço desfasado diminui o rendimento do amendoim em 18%. O efeito do preço é negativo no rendimento do amendoim. Este coeficiente negativo e insignificante indica que o efeito do preço não está a influenciar os produtores de amendoim no sentido de aumentarem o rendimento do amendoim durante o período da Pré-Revolução Verde. Os produtores de amendoim não são afectados pelo preço. O termo constante (-0,2443) é negativo e insignificante. As outras variáveis não estão a influenciar o rendimento do amendoim em Andhra Pradesh.

Durante o período pós-revolução verde, observa-se que a maioria das variáveis independentes está a mostrar o seu efeito negativo e insignificante no rendimento do amendoim no estado de Andhra Pradesh. Apenas duas variáveis estão positivamente associadas ao rendimento do amendoim no Estado. O coeficiente da área irrigada (0,3198) é positivo e significativo. Um aumento de uma unidade de (It) aumentará o rendimento do amendoim em 0,32 unidades. Quase 32% da variação no rendimento do amendoim foi registada pela área irrigada durante o período pós-revolução verde no Estado, sendo também uma variação significativa. Trata-se, pois, de um fator de grande influência no rendimento do amendoim no Estado de Andhra Pradesh. A resposta dos produtores de amendoim é dada pela área irrigada. O coeficiente da precipitação no ano em curso (0,3402) também é positivo e insignificante. Verifica-se que, se a variável pluviosidade aumenta, o rendimento do amendoim também aumenta em 34%. Por conseguinte, a variação do rendimento do amendoim é de 34% no conjunto do Estado de Andhra Pradesh. Os coeficientes da precipitação desfasada (-0,1085) e do preço da colheita agrícola desfasado (-0,0484) são negativos e insignificantes. Cada aumento de uma unidade nestas duas variáveis diminuirá o rendimento do amendoim no Estado de Andhra Pradesh durante o período pós-revolução verde. Verifica-se que o efeito do preço é negativo no rendimento do amendoim. Os produtores de amendoim não são afectados pelo preço desfasado no estado de Andhra Pradesh. A sua reação é dada apenas pela área irrigada e pela precipitação. As duas novas variáveis consideradas no modelo de resposta ao rendimento, durante o período pós-revolução verde, o consumo de fertilizantes e a área cultivada com variedades de alto rendimento tiveram um efeito negativo e insignificante na variável dependente rendimento do amendoim (Y_t) no estado de Andhra Pradesh. Por conseguinte, os produtores de amendoim não são afectados por estas duas variáveis. O valor do termo constante (2,6547) é positivo mas não significativo. O coeficiente de correlação múltipla é de 0,3849. O efeito combinado de todas as variáveis independentes é de 39 por cento. A partir da estatística do teste F, o efeito coletivo das variáveis endógenas na variável exógena, o rendimento do amendoim, é significativo ao nível de cinco por cento de probabilidade. Verifica-se que quase 39% da variação foi registada por estas variáveis independentes. O valor da correlação múltipla ajustada (R_2) é de 0,2245.

Comparando os valores estimados em ambos os períodos, observa-se que a área irrigada está a influenciar o rendimento do amendoim no estado de Andhra Pradesh. Os produtores respondem pela área irrigada. A resposta dos produtores de amendoim à irrigação é significativa apenas durante o período pós-revolução verde. Com o aumento de (It), a produtividade do amendoim também aumenta no Estado. O efeito da variável área irrigada é positivo e insignificante durante o período pré-revolução verde. O coeficiente da precipitação no ano atual é positivo em ambos os períodos. O rendimento do amendoim depende positivamente da precipitação. O rendimento do amendoim também é afetado pela precipitação em ambos os períodos no estado de Andhra Pradesh. O coeficiente do preço de colheita desfasado é negativo. Os produtores de amendoim foram negativamente afectados pelos preços. O efeito dos preços está totalmente ausente no caso do rendimento da cultura comercial do amendoim. Isto indica que os preços não estão a influenciar os produtores de amendoim no estado de Andhra Pradesh. A precipitação desfasada também não influencia positivamente o rendimento do amendoim no Estado. As variáveis adoptadas no período pós-revolução verde, o consumo de fertilizantes e a área cultivada com variedades de elevado rendimento também influenciam negativamente o rendimento. As duas novas variáveis não conseguiram aumentar a produtividade do amendoim durante o período pós-revolução verde em Andhra Pradesh.

CANA-DE-AÇÚCAR:

No caso da produção de cana-de-açúcar no Estado de Andhra Pradesh, durante o período anterior à revolução verde, os coeficientes da área irrigada (0,0123) e da precipitação desfasada (0,2193) são positivos mas não significativos a um nível de probabilidade de cinco por cento. Existe uma relação positiva entre a produção de cana e cada uma das variáveis acima no estado. Um aumento unitário em cada uma destas variáveis aumentará a produção de cana em 0,01 e 0,23 unidades, respetivamente. Estes aumentos no rendimento da cultura devido a estas variáveis não são significativos. Portanto, os produtores de cana não são afectados por estas duas variáveis de forma significativa. Os coeficientes da pluviosidade e do preço desfasado são negativos (-0,0440, -0,0427) mas não significativos durante o período da Pré-Revolução Verde. Cada aumento de uma unidade nestas variáveis diminui a produção de cana de forma insignificante. O coeficiente negativo e insignificante revela que os produtores de cana do estado não foram afectados por estas duas variáveis. Assim, o efeito do preço sobre o rendimento da cana estava ausente durante o período da Pré-Revolução Verde. O termo constante ou interceção é 7,8475, também é positivo, mas não significativo. O coeficiente de correlação múltipla é de 0,5336. O efeito combinado de todas as variáveis endógenas na variável dependente, a produção de cana-de-açúcar, é de 53%. Mais de 53% da variação foi registada por todas as variáveis independentes no rendimento da cana em Andhra Pradesh durante o período anterior à revolução verde. Com base na estatística do teste F, este efeito coletivo das variáveis independentes é considerado insignificante. O valor da correlação múltipla ajustada ($\overline{R}^2$) é de 0,2226.

Durante o período pós-revolução verde, a partir da tabela 7.1, observa-se que o coeficiente de correlação múltipla é 0,3320. O efeito coletivo de todas as variáveis independentes na variável dependente rendimento da cana-de-açúcar é de 33%, ou seja, 33% da variação no rendimento da cana foi registada por estas variáveis. A partir da estatística do teste F, o efeito coletivo de todas as variáveis endógenas é considerado insignificante. O valor da correlação múltipla ajustada é de 0,1577. Observa-se que quase todas as variáveis independentes estão individualmente associadas de forma positiva à variável dependente rendimento da cana-de-açúcar durante o período pós-revolução verde no Estado de Andhra Pradesh. Os coeficientes da precipitação (0,0473) e da precipitação desfasada (0,1089) são positivos, ou seja, observou-se uma relação positiva com a produção de cana-de-açúcar através destas variáveis, mas esta relação é considerada insignificante. Os coeficientes da área irrigada (0,0828) e dos preços defasados da colheita agrícola (0,1886) foram positivos e insignificantes. Um aumento destas variáveis aumentará o rendimento da cana durante o período pós-revolução verde no Estado de Andhra Pradesh. Estas duas variáveis acima referidas estão a influenciar positivamente o produtor de cana-de-açúcar, mas os produtores não são afectados significativamente por estas variáveis. Conclui-se que o rendimento da cana não foi afetado pelos preços. Por conseguinte, o efeito do preço é totalmente inexistente. O coeficiente do consumo de fertilizantes (-0,3441) é negativo e significativo ao nível de cinco por cento. Um aumento destas variáveis diminui o rendimento da cana.

Foi estabelecida uma relação negativa entre Ft e Yt. Cada aumento de uma unidade no consumo de fertilizante diminuirá o rendimento da cana-de-açúcar em 0,34 unidades. Esta diminuição do rendimento é significativa. Este coeficiente negativo significativo revela que há margem para aumentar o rendimento da cana através do aumento da utilização de fertilizantes. Isto significa que o consumo de fertilizantes foi negligenciado pelos produtores de cana-de-açúcar no estado de Andhra Pradesh durante o período pós-revolução verde. Pode sugerir-se que, para aumentar o rendimento da cana-de-açúcar, se utilize mais fertilizante no Estado. O coeficiente da variável Área cultivada com variedades de alto rendimento (0,0755) é positivo. Foi observada uma relação direta entre Ht e Yt no período pós-revolução verde. Um aumento na área de HYV aumentará o rendimento da cana-de-açúcar em 0,08 unidades. Mas este aumento no rendimento da cultura não é significativo. Portanto, a produção de cana não é muito afetada pela área de variedades de alto rendimento. O valor do termo de interceção é 9,7932. Também é positivo, mas não é significativo. Indica que outras variáveis também estão a influenciar positivamente o rendimento da cana-de-açúcar no estado de Andhra Pradesh.

Comparando os valores estimados durante os períodos pré e pós-revolução verde, observa-se que nenhum efeito de uma variável na produção de cana é significativo em ambos os períodos, exceto o consumo de fertilizante durante o período pós-revolução verde. Os efeitos da precipitação desfasada e da área irrigada foram positivos e insignificantes na produção de cana-de-açúcar em ambos os períodos. Estas duas variáveis não estão a incentivar os produtores de cana-de-açúcar a produzir mais durante ambos os períodos no estado de Andhra Pradesh. O efeito desfasado do preço da colheita agrícola é negativo e positivo durante os períodos pré e pós-revolução verde, respetivamente, no estado de Andhra Pradesh. Mas este efeito não é significativo. Os preços da colheita agrícola não estão a incentivar os produtores a aumentar a produção de cana-de-açúcar. Por conseguinte, a produção de cana-de-açúcar não reage aos preços. A mesma tendência foi observada no caso da variável precipitação no ano em curso. A precipitação também não motiva os produtores de cana-de-açúcar no período pré-revolução verde, mas motiva positivamente os produtores de cana-de-açúcar no período pós-revolução verde. Verifica-se que a precipitação também não consegue aumentar o rendimento da cana. O efeito da área sob variedades de alto rendimento é positivo no rendimento da cana-de-açúcar no período pós-revolução verde no estado de Andhra Pradesh. A área sob a variável HYV também não mostra o seu efeito no rendimento da cana. O consumo de fertilizantes apresenta uma relação negativa e significativa com o rendimento da cana-de-açúcar. Isto indica que, se o consumo de fertilizantes aumentar, há muita margem para aumentar o rendimento da cana em Andhra Pradesh. Os produtores de cana-de-açúcar não estão a consumir mais fertilizantes no Estado durante o período pós-revolução verde. Por último, pode inferir-se que a cultura comercial não reage aos preços, mas sim à área irrigada e à precipitação no estado de Andhra Pradesh.

Conclusão

A importância da agricultura no desenvolvimento económico de qualquer país é confirmada pelo facto de ser o sector primário da economia que fornece os ingredientes básicos necessários para a existência da humanidade e também fornece a maioria das matérias-primas que, quando transformadas em produtos acabados, servem como necessidades básicas da raça humana. Para além do fornecimento de alimentos, a agricultura deve fornecer muitas das matérias-primas para a indústria. No entanto, a agricultura não é apenas um fornecedor de bens para as necessidades internas e de exportação, mas também um fornecedor de factores de produção como o capital e a mão de obra. A importância da agricultura na Índia pode ser avaliada principalmente pela sua contribuição para o rendimento nacional e o emprego. A agricultura continua a ser uma importante fonte de rendimento e de emprego para a grande maioria (cerca de 65%) da população indiana. O sector agrícola da Índia fornece alimentos à população em rápido crescimento e matérias-primas à indústria transformadora. O sector agrícola, com mão de obra excedentária, está em condições de fornecer a mão de obra necessária ao sector industrial nas zonas urbanas. O sector agrícola cria a procura de produtos industriais. Com o advento da revolução verde, verificou-se um aumento considerável dos rendimentos agrícolas nas zonas com instalações de irrigação relativamente melhores.

A segunda fase da revolução verde (1980) parece ter sido o melhor período para a agricultura indiana, com uma aceleração significativa do crescimento da produção e uma redução das desigualdades regionais, devido à introdução de HYV noutras culturas, à propagação da revolução verde à região oriental e à ênfase dada aos programas de proteção da água nas zonas secas. Desde a independência, registaram-se progressos consideráveis no domínio do desenvolvimento agrícola do país em termos de aumento da produção e da produtividade das culturas, de evolução tecnológica e de diversificação das culturas.

Andhra Pradesh é um importante estado agrícola do país. O Estado representa 8,34% da área geográfica do país e 7,37% da população do país. O Andhra Pradesh representa 7,42% da área semeada líquida do país e 7,42% da produção nacional de cereais. Uma proporção mais elevada da mão de obra depende da agricultura no Estado (62,3%) do que a nível de toda a Índia (56,2%). Do mesmo modo, a parte da agricultura no produto interno bruto do Estado (28,6%) é mais elevada do que o valor correspondente a nível da Índia (24,0%). De facto, o Estado era conhecido como o celeiro do Sul da Índia até há pouco tempo. O crescimento sustentável no sector agrícola é a "necessidade do momento" não só para o Estado de Andhra Pradesh, mas também para o país no seu conjunto. A economia do Estado continua a ser predominantemente agrária. A percentagem da mão de obra rural do Estado empregada na agricultura (apenas trabalhadores principais) atingiu 81% em 1991. Cerca de 58,72% dos trabalhadores agrícolas são operários.

A tecnologia e o processo técnico permitiram ao homem utilizar os recursos humanos e naturais de forma rápida e eficaz, de modo a gerar novos produtos, processos e sistemas de organização para uma vida confortável. A adoção de novas tecnologias pelos agricultores, entre outras coisas, tem um efeito no rendimento. Quanto mais rápido e maior for o aumento do rendimento resultante da utilização de uma nova tecnologia, maior é a rentabilidade da sua adoção pelos agricultores. A rutura tecnológica na agricultura que a Nação conheceu no final dos anos sessenta beneficiou consideravelmente a comunidade agrícola. A tecnologia agrícola refere-se aos conhecimentos utilizados para melhorar a produtividade agrícola. Aponta para a mistura de factores de produção e para as alterações que nela ocorrem de tempos a tempos com vista a aumentar a produtividade a custos reduzidos. A tecnologia agrícola pode refletir-se numa determinada combinação de homens e máquinas, sementes e fertilizantes, mão de obra animal e meios de gestão. O conhecimento tecnológico adicional refere-se ao conhecimento da utilização de uma tecnologia. A utilização de uma nova tecnologia exige novos conhecimentos, e uma tecnologia reformada pode permanecer inativa se os conhecimentos necessários para a utilizar não forem desenvolvidos simultaneamente e difundidos entre os agricultores. Obviamente, a difusão da educação e dos serviços de extensão é essencial para que os agricultores possam acompanhar a evolução da tecnologia.

O presente estudo é apresentado em oito capítulos. O primeiro capítulo aborda a natureza e o significado da agricultura, a importância da agricultura para a economia indiana, o crescimento, o desempenho da agricultura no período pós-independência, as mudanças tecnológicas na agricultura indiana e o papel das culturas comerciais. O segundo capítulo aborda a análise económica de Andhra Pradesh, a agricultura e as actividades conexas em Andhra Pradesh, a necessidade do estudo, a conceção do estudo e a revisão da literatura. Os objectivos e a metodologia, os dados utilizados no estudo, foram apresentados no terceiro capítulo. As estimativas das taxas de crescimento linear e composto, a instabilidade da área, a produção e o rendimento de duas grandes culturas comerciais, o amendoim e a cana-de-açúcar, nos períodos pré e pós-revolução verde, foram estudados no quarto capítulo. Nos quinto, sexto e sétimo capítulos, foram analisadas as mudanças tecnológicas das respostas em termos de área, produção e rendimento das duas culturas, amendoim e cana-de-açúcar, nos períodos pré-revolução verde (1960-1971) e pós-revolução verde (19712001), respetivamente. No último capítulo, foram apresentados o resumo e as conclusões do estudo, juntamente com sugestões para a melhoria das culturas do amendoim e da cana-de-açúcar.

CRESCIMENTO E INSTABILIDADE:

Numa economia em desenvolvimento, as taxas de crescimento dos produtos agrícolas assumem uma importância crítica, devido ao aumento da sua procura, gerado pelo rápido crescimento da população e acelerado pelo aumento dos níveis de rendimento. Este problema baseia-se nas possibilidades existentes no sector agrícola, bem como no fluxo crescente de recursos para a agricultura. As forças do crescimento desenvolvem-se a um ritmo mais lento do que as forças da procura, pelo que o instrumento do preço que motiva o agricultor a agir adquire uma importância primordial, desde que este instrumento seja eficaz. Devido ao aumento da procura de produtos agrícolas devido ao aumento da população, é necessário estudar o crescimento e a instabilidade da agricultura em termos de superfície, produção e rendimento. Com a ajuda de estimativas, é possível tomar decisões políticas para satisfazer a procura de recursos do país. Neste contexto, o presente estudo tem por objetivo estudar o crescimento e o desempenho de duas grandes culturas comerciais, o amendoim e a cana-de-açúcar, em três regiões de Andhra Pradesh. O crescimento e a instabilidade das culturas selecionadas foram estudados em dois períodos diferentes, ou seja, pré-revolução verde e pós-revolução verde. Segue-se uma breve análise do crescimento e da instabilidade do amendoim e da cana-de-açúcar, por região.

ÁREA -Crescimento e instabilidade:

Região de Rayalaseema:

No caso da área de amendoim, foi observada uma tendência crescente durante os períodos pré e pós-revolução verde. Em média, registou-se um crescimento de quase cinco por cento e 2,8 por cento na área de amendoim. Este aumento médio anual da área de amendoim foi significativo. Isto revela que o efeito tecnológico nas áreas de amendoim foi observado na região de Rayalaseema. Também se observa que a instabilidade na área de amendoim foi de 18% e 25% nos dois períodos, respetivamente.

O aumento médio anual da área de cana-de-açúcar foi significativo em ambos os períodos. Registou-se um crescimento de cerca de 4,7 por cento e 1,8 por cento. Isto revela uma tendência positiva na área de cana. A instabilidade foi registada em 26% e 16% nos dois períodos, respetivamente.

Região costeira de Andhra:

Foi observada uma tendência média anual de aumento da área de amendoim durante os períodos pré e pós-revolução verde. Em média, registou-se um crescimento de quase seis por cento e 0,3 por cento nas áreas de amendoim. Este aumento médio anual da área de amendoim foi significativo. Isto revela que o efeito tecnológico na área de amendoim foi observado na região costeira de Andhra. A instabilidade na área de amendoim foi registada em quase 20% e 3% em ambos os períodos, respetivamente. Quase 97% de estabilidade na área de amendoim foi registada no segundo período.

No caso da área de cana-de-açúcar, também se registou uma tendência positiva significativa durante os períodos pré e pós-revolução verde. Registou-se um crescimento de cerca de cinco e dois por cento. Observou-se também que a instabilidade na área de cana-de-açúcar foi de 22% e 17% nos dois períodos, respetivamente.

Região de Telangana:

O aumento médio anual da área de amendoim foi significativo no período anterior à revolução verde, mas não foi significativo no período posterior à revolução verde. Em média, foi registado um crescimento de quase 11%, significativo no período anterior à revolução verde, e de 0,9% no período posterior à revolução verde. Também se observa que a instabilidade do amendoim foi de quase 37% e 7% em ambos os períodos, respetivamente.

O aumento anual da área de cana-de-açúcar não foi significativo, mas é positivo em ambos os períodos. Foi registado um crescimento de cerca de 0,08% e 0,5% em ambos os períodos. A instabilidade na área de cana foi registada em 21% e 5% durante os períodos pré e pós-revolução verde.

Andhra Pradesh:

No caso da cultura do amendoim, registou-se um aumento médio anual significativo da área em ambos os períodos. Em média, o crescimento da área foi superior a seis por cento e quase dois por cento nos dois períodos. Isto revela que o efeito tecnológico não foi observado no estado de Andhra Pradesh. A instabilidade na área de amendoim foi registada em 22% e 17% em ambos os períodos, respetivamente.

O aumento médio anual da cana-de-açúcar foi significativo em ambos os períodos. Em média, foram registados 4,6 e 1,5 por cento de crescimento da área. Também se observou uma instabilidade de 24% e 14% na área de cana durante os dois períodos, respetivamente.

PRODUÇÃO -Crescimento e instabilidade:

Região de Rayalaseema:

No caso da produção de amendoim, em ambos os períodos, foi observado um crescimento positivo significativo. Isto significa que, em média, foram registados 4,6 e 3,7% de crescimento da produção nos dois períodos. De acordo com o aumento médio, o efeito tecnológico foi registado no período pós-revolução verde. Registaram-se quase 22% e 25% de instabilidade na produção de amendoim durante os dois períodos, respetivamente.

Em média, registou-se um crescimento de três por cento na produção de cana-de-açúcar no período anterior à revolução verde, mas no período posterior à revolução verde registou-se um crescimento de dois por cento na produção de cana-de-açúcar. A instabilidade da produção foi de 24% e 18% em ambos os períodos, respetivamente.

Região costeira de Andhra:

No caso da produção de amendoim, registou-se uma tendência crescente significativa em ambos os períodos. Em média, registou-se um crescimento de cinco e um por cento da produção. O efeito tecnológico não se registou na produção de amendoim. A instabilidade da produção foi observada em 18% e 11% nos períodos pré e pós-revolução verde, respetivamente.

Em média, registou-se um crescimento significativo da produção de quatro e um por cento no caso da cana-de-açúcar durante ambos os períodos de estudo. Também se observou que 19% e 10% de instabilidade durante os períodos pré e pós-revolução verde, respetivamente. O aumento médio anual da produção de cana foi positivo e significativo.

Região de Telangana:

No caso da produção de amendoim, observou-se uma tendência crescente em ambos os períodos. Em média, observou-se um crescimento da produção de cerca de 11% e 1,6% nos dois períodos, respetivamente. Também se observou uma instabilidade de 43% e 14% na produção de amendoim nos dois períodos, respetivamente.

No caso do crescimento da produção de cana-de-açúcar, foi observada uma tendência negativa e insignificante. Isto significa que, em média, 0,89 por cento e 0,37 por cento da produção estava a diminuir anualmente. Isto revela que não existe um efeito tecnológico. Registou-se uma instabilidade de cerca de 22% e de 3% em ambos os períodos, respetivamente.

ANDHRA PRADESH:

No caso da cultura do amendoim, foi observada uma tendência positiva significativa na produção durante os períodos pré e pós-revolução verde. Isto significa que, em média, se registou um crescimento da produção de quase sete por cento e dois por cento. Isto revela que o efeito tecnológico na produção de amendoim não foi registado. Observou-se uma instabilidade de cerca de 26% e 20% em ambos os períodos, respetivamente.

No caso da cana-de-açúcar, em ambos os períodos, observou-se um crescimento anual da produção. Em média, observou-se um crescimento da produção de dois por cento e um por cento. Também se observou uma instabilidade de quase 17% e 9% na pré e pós-revolução verde, respetivamente.

YIELD - Crescimento e instabilidade:

Região de Rayalaseema:

Observou-se uma tendência negativa no caso do rendimento do solo em ambos os períodos. Isto significa que, em média, um por cento do rendimento diminuiu em ambos os períodos. Isto revela que o efeito tecnológico no rendimento do amendoim não foi observado. Também se observou uma instabilidade de 12% e de 1% no rendimento em ambos os períodos.

No caso do rendimento da cultura da cana-de-açúcar, a tendência foi negativa e significativa no período anterior à revolução verde e positiva no período posterior à revolução verde. Isto revela que o crescimento decrescente do rendimento foi de 1,25 por cento no período pré-revolução verde e o crescimento crescente de 0,18 por cento foi registado durante o período pós-revolução verde. Foram observados cerca de seis e dois por cento de instabilidade em ambos os períodos, respetivamente.

Região costeira de Andhra:

No caso do amendoim, foi registada uma tendência negativa no rendimento no período anterior à revolução verde e uma tendência positiva no período posterior à revolução verde. Foram registados quase 0,74% de crescimento negativo e uma unidade de crescimento positivo nos dois períodos, respetivamente. Também se observou uma instabilidade de quase sete e nove por cento em ambos os períodos, respetivamente.

Quase 0,62% e 0,71% de crescimento negativo do rendimento foram registados no caso da cana-de-açúcar durante os períodos pré e pós-revolução verde. Quase 6% de instabilidade foi observada durante os períodos pré e pós-revolução verde, respetivamente.

Região de Telangana:

Foi registada uma tendência positiva no rendimento do amendoim durante os períodos de estudo, mas a tendência é significativa no período pós-revolução verde. Em média, foram registados 0,20 e 0,92 por cento de crescimento no rendimento em ambos os períodos. Isto revela que o efeito tecnológico foi observado durante o segundo período. Foram observados cerca de 21 e oito por cento de instabilidade em ambos os períodos, respetivamente.

Foi registada uma tendência negativa e insignificante no rendimento do amendoim durante ambos os períodos. Em média, registou-se um crescimento negativo de 2,89 por cento e 0,89 por cento. Isto significa que não houve qualquer efeito tecnológico no rendimento do amendoim. Observou-se uma instabilidade de cerca de 25% e 8% em ambos os períodos.

Andhra Pradesh:

No caso do rendimento do amendoim durante o período pré-revolução verde, a tendência foi negativa, mas no período pós-revolução verde a tendência foi positiva, mas não significativa em ambos os períodos. Uma tendência negativa e positiva insignificante no rendimento do amendoim foi observada nos dois períodos de estudo, respetivamente. Em média, foi registado um crescimento decrescente de 0,23% e um crescimento crescente de 0,31% nos períodos pré e pós-revolução verde. Também foi observado que quase 13% e 3% de instabilidade na produtividade foram registados durante os dois períodos, respetivamente.

Há uma tendência negativa e significativa no rendimento da cana-de-açúcar durante o período pré-revolução verde e foi registada uma tendência negativa no rendimento da cana no período pós-revolução verde. Em média, foram registados 1,49 e 0,57 por cento de crescimento negativo do rendimento em ambos os períodos. Registou-se quase sete e cinco por cento de instabilidade no rendimento em ambos os períodos, respetivamente.

RESPOSTA ÁREA - PRODUÇÃO - RENDIMENTO:

No entanto, o crescimento da superfície não foi uniforme nem constante. Registaram-se flutuações consideráveis tanto na superfície como na produção, que conduziram à flutuação do rendimento. A flutuação da superfície das culturas foi causada pela variação dos preços, das condições climatéricas, da disponibilidade de instalações de irrigação e de outros factores de produção. O facto de a superfície de determinadas culturas variar sistematicamente em resposta a movimentos de preços era amplamente aceite. Um aumento/diminuição da superfície foi considerado como um indicador de um aumento/diminuição da produção da cultura. Embora essa hipótese fosse válida, valeu a pena estudar a resposta da área, a resposta da produção e a resposta do rendimento de duas grandes culturas comerciais em três regiões de Andhra Pradesh.

ÁREA DE RESPOSTA:

Região de Rayalaseema:

No caso do amendoim, a área foi influenciada pelo fator preço durante o período anterior à revolução verde. Os produtores são motivados apenas pelo preço desfasado. O preço não é um fator de motivação, mas a área irrigada e a precipitação motivaram os produtores de amendoim durante o período pós-revolução verde. Isto indica que os factores tecnológicos estão a motivar os produtores de amendoim a aumentar a área.

No caso da cana-de-açúcar, a área irrigada e o rendimento desfasado responderam ao aumento da área de cana-de-açúcar durante o período I. Mais de 99% da variação foi registada pelas variáveis selecionadas, o que também constitui uma variação significativa. No período II, juntamente com os factores de irrigação, os outros factores também estão a influenciar os produtores de cana na atribuição da área à cana-de-açúcar. Apenas 72% da variação significativa foi registada pelas variáveis selecionadas.

Região costeira de Andhra:

Durante o período anterior à revolução verde, foi registada uma variação significativa (99%) na área de amendoim em função de variáveis selecionadas. O efeito do risco de rendimento, da precipitação e da área desfasada foi positivamente significativo, mas o efeito na área irrigada foi negativo e significativo. A insuficiência ou o excesso de água/irrigação tiveram um efeito negativo. O efeito dos preços foi muito insignificante (16%). No período pós-revolução verde, os preços não estão a encorajar os produtores. Para encorajar os produtores na atribuição de áreas, podem ser fornecidos preços atractivos. O mesmo resultado pode ser retirado da precipitação, ou seja, uma precipitação insuficiente pode também afetar negativamente o amendoim. O efeito da área desfasada também é positivo e significativo. Pode concluir-se que quase oito por cento da variação diminuiu no período II em relação ao período I. Outros factores também influenciam significativamente a área no período pós-revolução verde.

Registou-se uma variação significativa (99,4 por cento) na área de cana-de-açúcar. Os factores área desfasada, risco de preço, risco de rendimento e área irrigada foram os principais determinantes da área de cana no período I. O efeito do preço não foi observado no período II. Registou-se um efeito negativo do preço, ou seja, os produtores de cana não foram atraídos pelo seu preço. Oferecendo preços atractivos para a cana-de-açúcar, é possível aumentar a área de cana. Os factores de risco não são significativos. O efeito da área irrigada foi significativo. As restantes variáveis registaram um efeito negativo. Verifica-se que o efeito tecnológico é negativo, diminuindo (17 por cento) a variação na área de cana.

Região de Telangana:

Durante o período pré-revolução verde, uma variação significativa (96 por cento) na área de amendoim foi recodificada pelas variáveis selecionadas. O efeito do rendimento desfasado, do risco de rendimento, da área irrigada e da área desfasada foi positivo mas não significativo, mas o efeito do preço desfasado, da precipitação e do risco de preço foi negativo e insignificante. Os preços não estão a incentivar os produtores de amendoim a aumentar a área. Durante a pós-revolução verde, o efeito do preço é negativo, ou seja, o preço do amendoim não está a encorajar os produtores a atribuir mais áreas. A área irrigada estava a influenciar positivamente os produtores de amendoim a atribuir mais áreas. O mesmo resultado pode ser extraído da variável de área desfasada. O rendimento desfasado e as variáveis de risco de rendimento associaram-se negativamente à área de amendoim. A variável precipitação é negativa e significativa, ou seja, a precipitação insuficiente também pode afetar negativamente a área de amendoim.

O fator área irrigada foi o principal determinante da área de cana no período I. A variável precipitação é negativa mas significativa. Isto significa que a precipitação intempestiva reduzirá a área de cana-de-açúcar. O efeito do preço é positivo, ou seja, o preço da cana-de-açúcar incentivava os produtores a afetar mais área à cana-de-açúcar. As variáveis rendimento desfasado, risco de preço e área desfasada não influenciam a área de cana-de-açúcar. Durante a pós-revolução verde, a variação significativa (47 por cento) na área de cana-de-açúcar foi recodificada pelas variáveis selecionadas. Os preços da cana-de-açúcar estavam a encorajar os seus produtores a atribuir mais área. A fonte de água, ou seja, a área irrigada e a precipitação, em conjunto, incentivaram positivamente os produtores de cana-de-açúcar nesta região. As variáveis rendimento defasado e área defasada estavam incentivando os produtores de forma positiva e significativa a alocar a área de cana-de-açúcar. As outras variáveis estão a afetar positivamente a área de cana-de-açúcar.

ANDHRA PRADESH:

Durante o período I, apenas o efeito do preço, ou seja, o preço desfasado e a variável de risco do preço, incentivaram positivamente os produtores de amendoim a aumentar a área. O rendimento desfasado, o risco de rendimento, a área irrigada, a precipitação e a área desfasada estão a mostrar o seu efeito negativo na área de cana-de-açúcar. Assim, a irrigação e a precipitação não estão a influenciar os produtores no sentido de aumentarem a área de amendoim. Durante o período pós-revolução verde, as variáveis área irrigada e área desfasada mostraram de forma positiva e significativa o seu efeito na área de amendoim. O efeito do preço também foi positivo na área de amendoim. A variável precipitação também tem o mesmo efeito que a variável preço. Outras variáveis afectaram negativamente a área de amendoim. Pode concluir-se que quase 15 por cento da variação diminuiu no período II em relação ao período I.

Durante o período anterior à revolução verde, o efeito dos preços, ou seja, o preço desfasado e o risco de preço, são os factores que influenciam a área de cana. O efeito da precipitação é negativo e insignificante. A área irrigada também está a influenciar positivamente a área de cana-de-açúcar. As outras variáveis estão a influenciar positivamente os produtores de cana-de-açúcar no sentido de atribuírem mais no futuro. Uma variação significativa (48%) foi registada por variáveis independentes selecionadas durante o período pós-revolução verde. As variáveis precipitação e preço desfasado influenciam negativamente a área de cana-de-açúcar, ou seja, o preço e a precipitação não são suficientes para os produtores de cana-de-açúcar afectarem mais área à cultura do amendoim. As restantes variáveis influenciaram positivamente os produtores de amendoim para aumentar a área no futuro.

RESPOSTA DA PRODUÇÃO:

Região de Rayalaseema:

No período I, foi observada uma variação significativa na produção (96%) na área de amendoim por variáveis selecionadas. Aqui, o efeito dos recursos hídricos, ou seja, a precipitação no ano em curso foi positiva e a precipitação desfasada, a variável da área irrigada foi positiva e significativa, mostrando o seu efeito sobre os produtores de amendoim para que produzam mais amendoim. O efeito do preço desfasado foi negativo e significativo. Os preços do amendoim não estavam a atrair os produtores de amendoim. A variável área cultivada também está a influenciar positivamente a produção de amendoim. Durante o período pós-revolução verde, a área cultivada, a precipitação e a área irrigada influenciaram positivamente a produção de amendoim, ou seja, os preços não estão a incentivar os seus produtores. A variável consumo de fertilizantes teve um efeito positivo na produção de amendoim, mas a área HYV influenciou negativamente a produção. A percentagem de variação é elevada, ou seja, 48% diminuiu no período II em relação ao período I. O efeito da nova tecnologia na produção de amendoim foi negativo quando comparado com a variação dos dois períodos.

Durante o período I, foi registada uma variação significativa (97%) da variável selecionada na produção de cana-de-açúcar. O efeito do preço foi negativo na produção de cana, com o preço desfasado a reduzir a produção. O efeito da fonte de água, ou seja, a precipitação e a área irrigada, também influenciaram negativamente a produção de cana-de-açúcar. No período II, as variáveis preço e precipitação influenciaram positivamente a produção de cana-de-açúcar. O coeficiente positivo e significativo da área irrigada expressa que a área irrigada está aumentando a produção de cana. A variável consumo de fertilizantes revela seu efeito negativo na produção de cana. Aqui, também 72 por cento da variação da produção de cana foi registada por variáveis selecionadas na produção de cana de açúcar no período II.

Região costeira de Andhra:

Durante o período pré-revolução verde, uma variação significativa (95%) na produção de amendoim foi recodificada pelas variáveis independentes selecionadas. As variáveis preço e pluviosidade influenciaram negativamente a produção de amendoim nesta região. Apenas a área irrigada está a influenciar positiva e significativamente os produtores de amendoim para aumentar a produção. Outras variáveis estão a afetar negativamente a produção de amendoim. Durante o período pós-revolução verde, o efeito da precipitação foi totalmente negativo na produção de amendoim. A área irrigada estava a influenciar positivamente a produção de amendoim. O efeito do preço foi negativo, ou seja, os preços do amendoim não estavam a influenciar o amendoim para aumentar a produção. O consumo de fertilizantes e a área cultivada com variedades de alto rendimento tiveram um efeito positivo na produção de amendoim. Mas registou-se uma ligeira variação decrescente (0,76%) no período II em relação ao período I.

No caso da produção de cana-de-açúcar, a precipitação e a irrigação tiveram um efeito negativo na produção de cana-de-açúcar no período I. O efeito do preço foi quase inexistente na produção de cana. Foi registada uma variação significativa (96%) nas variáveis selecionadas. Durante o período pós-revolução verde, apenas a variável área irrigada foi positiva e significativa, ou seja, as condições de irrigação estavam a influenciar a produção de cana-de-açúcar. O efeito do preço e da precipitação na produção foi negativo. Isso significa que essas variáveis não estavam incentivando os produtores de cana a produzir um bom volume de cana. A variável, o efeito do consumo de fertilizante foi negativo e o efeito da área HYV foi positivo na produção de cana-de-açúcar. Aqui, uma variação significativa (77 por cento) foi registada pelas variáveis selecionadas durante o período pós-revolução verde.

Região de Telangana:

Durante o período pré-revolução verde, apenas uma variável, a área irrigada, mostrava um efeito positivo e significativo na produção de amendoim, ou seja, as condições de irrigação estavam a encorajar os produtores de amendoim a aumentar a produção. O efeito do preço e da precipitação teve uma influência negativa no amendoim, ou seja, estas duas variáveis, precipitação e preço, estavam a diminuir a produção de amendoim. Mais de 83 por cento da variação da produção foi registada pelas variáveis do modelo. Durante o período pós-revolução verde, as condições de irrigação influenciaram positiva e significativamente a produção de amendoim. Mas os efeitos do preço e da precipitação foram positivos. As variáveis, consumo de fertilizantes e área HYV foram factores responsáveis pela diminuição da produção de amendoim. Foi registada uma variação significativa na produção de amendoim (70%) no período II.

No caso da produção de cana-de-açúcar, observou-se uma variação significativa (94 por cento) das variáveis selecionadas no período I. Aqui, as variáveis área cultivada e precipitação desfasada mostraram de forma positiva e significativa o seu efeito na produção de cana-de-açúcar. Mas o efeito da precipitação e do preço desfasado foi negativo na produção de cana-de-açúcar. Durante o período II, foi registado um efeito de preço positivamente significativo na produção, ou seja, os preços estão a incentivar diretamente os produtores. As outras variáveis também influenciaram positivamente a produção de cana-de-açúcar. O consumo de fertilizantes é negativo e significativo, ou seja, os produtores de cana-de-açúcar não estavam a utilizar fertilizantes suficientes para uma melhor produção de cana-de-açúcar. Infere-se que a produção de cana pode ser aumentada através do aumento do consumo de fertilizantes. A área de HYV estava a afetar negativamente a produção de cana-de-açúcar.

ANDHRA PRADESH:

No caso da cultura do amendoim durante o período pré-revolução verde, a produção de amendoim foi positivamente e significativamente respondida pela sua área de cultivo de amendoim. A precipitação e a precipitação desfasada influenciaram positivamente os produtores de amendoim para uma maior produção. A variável área irrigada também influenciou positivamente a produção de amendoim. Mas o efeito do preço foi negativo, ou seja, o preço do amendoim não estava a incentivar os seus produtores a produzir mais. Durante o período II, foi registada uma variação significativa na produção (84%) pelas variáveis independentes selecionadas. Aqui, o preço desfasado e a precipitação desfasada estavam a influenciar negativamente a produção de amendoim. A área cultivada com amendoim estava a influenciar significativamente a produção. O efeito do consumo de fertilizantes foi negativo e o efeito da área HYV foi positivo na produção de amendoim. No período II, registou-se um ligeiro aumento da variação da produção (4,39%) em relação ao período I.

No período I, o efeito da fonte de água, ou seja, a precipitação desfasada e a área irrigada e o preço desfasado incentivaram positivamente os produtores de cana-de-açúcar na sua produção. A área cultivada também tem um efeito positivo na produção. A produção de cana-de-açúcar foi influenciada diretamente por estas variáveis. Quase 72 por cento da variação na produção de cana foi registada por estas variáveis, mas esta variação não é significativa. Durante o período pós-revolução verde, foi registada uma variação significativa (78%) pelas variáveis selecionadas. Aqui, a área irrigada estava a influenciar positiva e significativamente a produção de cana-de-açúcar. Exceto o consumo de fertilizantes, todas as variáveis influenciaram positivamente a produção de cana-de-açúcar. O efeito do consumo de fertilizante foi registado como negativo e significativo na produção de cana. A menor utilização de fertilizantes diminuiu a produção da cultura da cana-de-açúcar.

RESPOSTA DE RENDIMENTO:

Região de Rayalaseema:

No caso do amendoim, durante o período pré-revolução verde, as variáveis da fonte de água, ou seja, a precipitação, a precipitação desfasada e a área irrigada, responderam todas positivamente ao rendimento do amendoim. Isto significa que a irrigação é a principal causa do aumento do rendimento do amendoim. Mas o efeito do preço é negativo, ou seja, os preços do amendoim não influenciaram os produtores a aumentar o rendimento. Cerca de 41% da variação do rendimento foi registada pelas variáveis do modelo. Mas esta variação não é significativa. Durante o período pós-revolução verde, foi registada uma variação significativa (57%) pelas variáveis selecionadas. Aqui, o efeito das variáveis precipitação e área irrigada é positivo e significativo no rendimento do amendoim. Mas as variáveis preço desfasado, consumo de fertilizantes e área HYV influenciaram negativamente o rendimento do amendoim. Mas há um aumento na variação (16,26) durante o período II em relação ao período I.

No caso da cultura da cana-de-açúcar, apenas a precipitação desfasada afectou positivamente o rendimento durante o período anterior à revolução verde. As variáveis precipitação, área irrigada e efeito do preço não estavam a influenciar o rendimento da cana-de-açúcar. As condições de irrigação e os preços não estavam a influenciar os produtores de cana-de-açúcar. Apenas 47% da variação na produção de cana foi registada por estas variáveis. Durante o período pós-revolução verde, as variáveis de fonte de água, ou seja, precipitação atrasada, precipitação e área irrigada, influenciaram positivamente o rendimento da cana-de-açúcar. O consumo de fertilizantes influenciou negativamente o rendimento da cana-de-açúcar, ou seja, um aumento na utilização de fertilizantes na cultura da cana-de-açúcar diminuirá o rendimento da cana-de-açúcar. A área de HYV afectou positivamente o rendimento da cana de açúcar.

Região costeira de Andhra:

Durante o período anterior à revolução verde, o efeito do preço foi negativo e insignificante. O efeito das duas variáveis de precipitação também foi negativo, o que significa que a precipitação insuficiente ou excessiva pode causar a diminuição do rendimento do amendoim. Mas as condições de irrigação do amendoim influenciaram positivamente o rendimento. Foram registados quase 64% de variação no rendimento do amendoim. Uma variação significativa (59%) foi registada por variáveis selecionadas no período II. A precipitação, a precipitação desfasada e os preços desfasados influenciaram negativamente o rendimento do amendoim. As variáveis área irrigada, consumo de fertilizantes e área cultivada com variedades de alto rendimento tiveram uma resposta positiva no rendimento do amendoim. Isto leva os produtores de amendoim a obterem mais rendimentos.

No que respeita à produção de cana, durante o período anterior à revolução verde, a produção de cana foi negativamente afetada por três variáveis: precipitação, precipitação desfasada e área irrigada. O rendimento pode ser reduzido através do aumento destas variáveis na região de Coastal Andhra. O rendimento da cana-de-açúcar foi positivamente respondido apenas pela precipitação desfasada. A variação do rendimento da cana não foi significativa em função das variáveis selecionadas. Durante o período pós-revolução verde, a precipitação, a precipitação desfasada e a irrigação influenciaram negativamente o rendimento da cana-de-açúcar, ou seja, o excesso de precipitação levou à diminuição do rendimento da cana-de-açúcar. Mas o efeito do preço está a responder positivamente ao rendimento da cana-de-açúcar. A área de HYV também influenciou positivamente o rendimento da cana-de-açúcar. Mas o consumo de fertilizantes foi negativo e significativo, ou seja, o uso insuficiente de fertilizantes estava a causar uma baixa produtividade da cana-de-açúcar. Foi registado algum aumento na variação (9,4 por cento) durante o período II em relação ao período I.

Região de Telangana:

Durante o período anterior à revolução verde, a precipitação desfasada e a área irrigada influenciaram positivamente o rendimento do amendoim. Isto significa que o efeito das fontes de água no rendimento do amendoim foi registado. Mas o efeito do preço é negativo, ou seja, os preços baixos estavam a causar uma baixa produtividade do amendoim. A precipitação do ano atual pode influenciar negativamente o rendimento. Apenas 33 por cento da variação foi registada por estas variáveis. Uma variação significativa (64 por cento) foi registada por variáveis selecionadas, durante o período pós-verde. Aqui, as variáveis da fonte de água, ou seja, a precipitação e o preço, influenciaram positiva e significativamente o rendimento do amendoim. Exceto o consumo de fertilizantes, todas as variáveis tiveram uma resposta positiva no rendimento do amendoim. O consumo de fertilizantes também pode levar à diminuição do rendimento do amendoim. Registou-se um aumento da variação (30,32%) durante o período II do que no período I.

No caso da cultura da cana-de-açúcar, durante o período pré-verde, as variáveis desfasadas, ou seja, a precipitação desfasada e o preço desfasado, não responderam positivamente ao rendimento da cana-de-açúcar. Mas a precipitação e a área irrigada influenciaram positivamente o rendimento da cana-de-açúcar. Estas variáveis registaram um baixo grau de variação. Durante o período II, todas as variáveis, exceto o consumo de fertilizantes e a área HYV, responderam positivamente à produção de cana-de-açúcar, ou seja, o preço e as fontes de água encorajaram os produtores de cana-de-açúcar a produzir mais. O consumo de fertilizantes e a área de HYV não estavam a influenciar os produtores de cana-de-açúcar para obterem um melhor rendimento. O aumento da variação na produção de cana (9,65 por cento) foi registado durante o período II em relação ao período I.

ANDHRA PRADESH:

Durante o período anterior à revolução verde, no caso da cultura do amendoim, a precipitação tardia e a área irrigada foram os factores responsáveis por um melhor rendimento do amendoim. Mas o efeito dos preços é negativo, ou seja, os preços do amendoim não eram encorajadores. Apenas 58% da variação do rendimento do amendoim foi registada por estas variáveis. No período II, a área irrigada influenciou positiva e significativamente o rendimento do amendoim. A variável pluviosidade também teve uma reação positiva. O efeito do preço é negativo no rendimento da cultura do amendoim. A variável precipitação desfasada, o consumo de fertilizantes e a área cultivada com variedades de alto rendimento influenciaram negativamente o rendimento da cultura do amendoim. A diminuição da variação do rendimento do amendoim (19,80 por cento) foi observada durante o período II em relação ao período I.

No caso da cultura da cana-de-açúcar, o efeito da precipitação desfasada e da área irrigada é positivo no rendimento da cana-de-açúcar. Mas o efeito da precipitação e do preço desfasado foi negativo no rendimento da cana-de-açúcar, ou seja, os preços e a precipitação foram a causa da baixa produtividade. Não há variação significativa no rendimento. Durante o período pós-revolução verde, todas as variáveis, exceto o consumo de fertilizantes, encorajaram positivamente os produtores de cana-de-açúcar a obter um melhor rendimento. Isto significa que a fonte de água, o efeito do preço e a área HYV estavam a causar uma produtividade elevada no estado de Andhra Pradesh. O consumo de fertilizantes foi negativo e significativo, ou seja, a utilização insuficiente de fertilizantes estava a provocar uma baixa produtividade da cana-de-açúcar. Ao aumentar o consumo de fertilizantes, é possível aumentar o rendimento da cana. Observou-se uma variação decrescente na produção de cana (20,16 por cento) durante o período II do que no período I.

Referências

1) Archana Singh e Srivastava R.S.L. "Growth and Instability in Sugarcane production in Uttar Pradesh: A Regional Study , Indian Journal of Agricultural Economics Vol:58, No:2, Aprial- June 2003 pp 279-282.

2) Ashok Parikh e Pravin Trivedi, "Impact of irrigation And Fertilizers on the growth of output in Andhra pradesh", A Bayesian approach. Jornal Indiano de Economia Agrícola. Página nº: 159-170.

3) Badal P.S., e Singh R.P. - Technological Change in Maize Production: A case study of Bihar, Indian journal of Agricultural Economics Vol.: 56, No: 2, abril-junho de 2001.

4) Basant Raksh, "Agriculture Technology and employment in India, A Survey of Recent Research", Economic And Political Weakly Issue- 31, Vol: XXII, 1987 PP 1297.

5) BATRA, M.M., "Supply Response of a Subsistence Crop Under Traditional and New Technologies", Indian Economic Review, Vol: XI (New Series), No: 2, outubro de 1976.

6) Battese G.E (1992), "Frontier production functions and Technical efficiency: A Survey of empirical applications in agricultural Economics", Agricultural Economics, Vol.: 7, No: 3, pp 185-208.

7) BEHRMAN, J.R., Supply response in underdeveloped agriculture: A case study of four Major Annual crops in Thailand, 1937-1963, (contribution to Economics Analysis) North Holland Publishing company, Amsterdam, 1968.

8) Chow G.C, (1960) "Test of Equality Between Sets of Co-efficient in Two Linear Regression", Econometrica, Vol.: 28, No: 2, pp 591-605.

9) Cummings, John Thomsa, "The Supply responsiveness of Indian farmers in the Post-Independence Period: Major Cereal and Cash crops", Indian Journal of Agricultural Economics, Vol.: 30, No: 1, janeiro-março de 1975.

10) Dantwala M.C., "Future of Institutional reform and Technological Change in Indian Agriculture development", Economic And Political Weakly Issue- 31-33, Vlo: XIII 1978 pp.1299.

11) DASGUPTA, SIRRA, Agriculture: Producer's Rationality and Technical Change, Asia publishing House, Bombaim, 1970.

12) Dayanatha Jha, "Acreage Response of Sugarcane in factory Areas of North Bihar", Indian Journal of Agricultural Economics, Vol: 25, No: 1, janeiro-março de 1970.

13) DHARM NARAIN, "Impact of price Movements on Areas under selected crops in India, 1900-1939. Cambridge University Press, Londres, 1965.

14) Farrell M.J, "The Measurement of production efficiency", Journal of the Royal Statistical

Society, Vol.: 120, Série A, parte 3, 1957 pp 253-281.

15) Greene W.H, "The Econometric Approach to efficiency Analysis", e H.O Fried C.P.K. Lovell e S.S Schmidt (Eds), "The Measurement of Productive Efficiency: Techniques and Applications, Oxford University Press London 1993, pp 68-119.

16) Gupta S.C. e Majid A. Producer's response to change in prices and Marketing policies: A case study of Sugarcane and paddy in Eastern Uttar pradesh. Centro de Investigação Agro-Económica, Universidade de Deli, Deli 1965.

17) Hanumantha Rao C.H.. "Technological Change and Distribution of Gains in Indian Agriculture", Mac Millan and Co. Delhi 1975.

18) HEADY, EARL O., "Uses and Concepts in Supply Analysis", In Earl O.Heady et Interpretation, Lowa State University pres, Ames Lowa, 1961, pp.3-25.

19) James Q. Harrison. "The Sugar Economy In India: Demand and Supply Process for Agriculture", World Bank Staff Working paper No:500, ashington D.G. 1981

20) Jan.R.Wills, "Green Revolution and agricultural employment and income distribution in farm sector of Bangladesh", Economic affairs, Vol: 30,   Qr.2, junho de 1985, pp. 129-135.

21) Jayanta Kumar Mallik: "Growth of Agriculture in Independent India: 50 years and after", Reserve Bank of India Occasional papers vol. 18, No: 2 & 3, edição especial (junho & setembro), 1997: 18, No: 2 & 3, edição especial (junho & setembro), 1997.

22) Jha, Dayanad e Maji C.C., "Cobweb Phenomenon and Fluctuations in Sugarcane Acreage in North Bihar", Indian Journal of Agricultural Economics, Vol: XXVI, No: 4, Oct.-Dec. 1971, pp 415-426.

23) Jhala M.L., "Farmers Response to Economic Incentives: An analysis of Inter-Regional Groundnut supply Response in India", Indian Journal of Agricultural Economics, Vol.: 34. No: 1 janeiro-março 1979, pp 55-67.

24) Jodha N.S. "Research And Technology for Dry Farming in India: Some issues for future Strategy", Indian Journal of Agricultural Economics Vol: XLI No: 3, julho-setembro de 1986, pp 234-247.

25) John P.V, "Responsiveness of Relative area-output of Sugarcane and Rice to changes in their relative prices in U.P, 1954-1963", Indian Journal of agriculture Economics, Vol.20. No.1, janeiro-março de 1965, pp 40-47.

26) John P.V: Some aspects of the structure of Indian Agricultural Economies, 1947-1948, to 1961-1962, Asia publishing House, Bombay 1968.

27) Kalloli M.M, Hiremath K.C, and Aruna Rao K., An Economic Analysis of efficiency in

grading and pricing operations of groundnut In Karnataka", Indian Journal of Agricultural Economics. Vol: 43, No: 3, julho-setembro de 1988.

28) Kandaswamy A. "Commercial Crops in India", Indian Journal of Agricultural Economics, Vol: 43, No: 3, julho-setembro de 1988, pp.444455.

29) Kaul. J.L, " A study of supply responses of price of Punjab crops", Indian Journal of Economics, Vol.: 48, No: 188 July 1967, pp 25-38.

30) Khan N.A., "Problems of Growth of an Underdeveloped Economy - India", Asia Publishing house, Bombaim, 1961.

31) Krishna Mohan P., "New Technology and its Impact on Agrarian Structure and Agricultural Production - A Case Study of Andhra pradesh", Agricultural Situation in India, maio de 1985, pp. 85-92.

32) Krishnan A., e Rao.B.V.R, Systems Analysis approach for crop planning- A Case Study of Groundnut in Karnataka ", trabalho apresentado no simpósio sobre "Effects of Weather on agricultural production", Universidade de Kalyani, Kalyani West Bengal, Fev-1979.

33) Maji C.C, D.Jha e L.S. Venkataramanan, "Dynamic supply and Demand Models for Better estimations and projections: An Econometric study for Major food grains in the Punjab Region", Indian Journal of Agricultural Economics, Vol.: 26, No: 1,janeiro-março 1971, pp 21-34.

34) Mallik A.K., "Sugarcane Crop In relation to Weather", Indian Journal of Sugarcane Research and Development, Vol: 7, No: 2, janeiro-março de 1965.

35) Malya, Meenakshi M., e Rajagopalan R., "Nature of Risk Associated With Rainfall and its effect on farming- A Case study of Kurnool District, Andhra Pradesh", Indian Journal of Agricultural Economics Vol: XXI, No: 2. Aprial_June 1966, pp 108-109.

36) Minhas B.S., e Majundar G. "Employment and casual labour in India: An Analysis of recent NSS Data", Indian journal of Industrial relations, vol. 22, No.3, janeiro de 1987.

37) Conselho Nacional de Investigação Económica Aplicada: Techno-Economic Survey of Gujarat, Nova Deli, julho de 1963.

38) NERLOVE Marc. "A dinâmica da oferta: Estimation of Farmer's Response to price", John Hopkins press, Baltimore, 1958.

39) Nilabja Ghosh, "Role of Fertilizer and Irrigation in Deterring Cropping Intensity: A Region wise study of Andhra Pradesh- Research Notes. Indian Journal of Agricultural Economics Vol.: 45, No: 4, outubro-dezembro de 1990, pp 510-517.

40) Novick M.R, Jackson P. M. D.T. Thager e N.S.Cole, "Estimating Multiple Regression in Groups: A Cross-Validation study", British Journal of Mathematical and Statistical

psychology, Vol.: 35, 1972 pp 33-50.

41) Panday V.K., e Tewari S.K., "An Analysis of cost functions and Economic yields gaps in sugarcane Production in west Uttar pradesh, for some policy implications", Indian journal of Agricultural Economics vol.43, No.3, july-september 1988 pp.481-487.

42) Parthasaradhy G., "Agricultural Production - Andhra pradesh Growth rates and Fluctuations of agricultural Production - A Dist wise analysis in Andhra Pradesh", Economic And Political Weakly Issue-26, Vol: XIX, 1984 pp A-74.

43) Parthasarthy G., "Substitution between Sugarcane and Paddy in Madras State", Indian Journal of Agricultural Economics, Vol.: 14, No:3, julho-setembro de 1959, pp.31-39.

44) Pay S.K. (1990). "Stabilizing the Sugar Economy", Journal of Indian School of Political Economy, Vol:2, No:2, April_June.

45) Raj Krishna, "Farm Supply response in India-Pakistan: A case study of Punjab Region: Economic Journal, vol. LXXX III No.291, setembro de 1963, pp. 477-487.

46) Raj Krishna, "Summary of Group discussion on Economics of the cropping pattern", Indian journal of Agricultural Economics. Vol. XVIII, n.º 1, janeiro-março de 1963, pp. 178-181.

47) Rakesh: "Study of farm level yield gaps in Sugarcane in Eastern and Westren Regions of Uttar pradesh", apresentado à Universidade G.B. Panth de Agricultura e Tecnologia, Pantnagar 1987.

48) Rao C.H.H 91994) Agricultural growth, Rural poverty and Environmental Degradation in India, studies in Economic Development and planning No.59. Oxford University press, Delhi.

49) Rao V M e Deshphande (1986): "Agricultural production : Pace and pattern of growth" in M L Dantwala (ed), Indian Agricultural Development since Independence: A collection of essays, Oxford and IBH, New Delhi

50) Rao. M.S. And Jai Krishna, "Price expectation and acreage Response for Wheat in U.P", Indian Journal of Agricultural Economics, Vol: XX, No.1, Jan-março 1965, pp 20-25.

51) Robert W.Herbt, "A Disaggregate approach to aggregate Supply" America Journal of agricultural Economics Vol.52, No.2, novembro de 1970, pp.512-520.

52) Sagar Vidya. "Contribution of Industrial Technological Factors in Agricultural growth- A case Study of Rajastan", Economic And Political Weakly Issue-25, Vol:XIII, 1978 pp A-64.

53) Satyanarayana Reddy K., e Bathaiah D., "An Econometric Analysis of Hetaerae Response of Major Crops: A Case Study of Telangana Region of Andhra Pradesh", Decision Vol:

14, No: 1 January-March 1987.

54) Satyanarayana, Y. "Factors affecting acreage under Sugarcane in India", Indian Journal of agricultural Economics, Vol.22, No.2. abril-junho de 1967, pp. 79-87.

55) Sawant S D (1997): "Regional variation in Agricultural performance", Indian Journal of Agricultural economics, Vol: 52, No.3, julho-setembro.

56) Sawant S.D. (1975), "Extent of Multiple cropping in Irrigated and Un irrigated Areas of India: Some Implications for usefulness of Irrigation Statistics", Indian Journal of Agricultural Economics, Vol.: 30, No: 2, abril-junho.

57) Sen S.R. ", Growth and Instability in Indian Agriculture", discurso proferido na vigésima conferência da Sociedade Indiana de Estatísticas Agrícolas, 10-12 de janeiro de 1967.

58) Shankuntala Mehra. "Instability in Indian Agriculture in the context of the New Technology", Research Report 25, International food policy Research Institute Washington: D.G. julho de 1980.

59) Shanmugam K.R. "Technical efficiency of Rice, Groundnut and Cotton farms in Tamilnadu", Indian Journal of Agricultural Economics Vol.: 58, No: 1, January\March 2003.

60) Sidhu R.S, "An Economic Analysis of labour use in Punjab Agriculture, Ph.D., Dissertação, Universidade Agrícola de Punjab, Ludhiyana, 1987.

61) Srivastava S.S., "Impact of Rainfall on crop yield and Acreage: A Comment", Indian Journal of Agricultural Economics, Vol: XXI, No: 2, Aprial-June 1966, pp. 108-109.

62) Subba Rao K. "Farm Supply response- A case study of Sugarcane in Andhra pradesh", Indian Journal of Agricultural Economics, Vol.24, No.1, janeiro-março de 1969, pp 84-88.

63) Subbarama Raju K, And Parthasarathy P.B. "Supply Response of Major Oilseed crops in Andhra pradesh", -An Econometric analysis. Indian Journal of Agricultural Economics Vol: 43, No: 3, julho-setembro de 1988.

64) Subbaramaraju K., Veera Reddy N., and Damoder Reddy D., Resource use efficiency in groundnut production- A Case Study in Mahaboobnagar Dist of Andhra pradesh", The Andhra Agricultural Journal Vol.34, No: 3, 1987 pp 252-255.

65) Subramanyam K.V., "Growth of Horticultural Crops in India- Constraints and Opportunities", Agricultural Situation in India, Vol: 39, No: 5, August 1984, pp 303-310.

66) Suresh Pal e Sirohi A.S. "Source of growth And Instability in the Production of Commercial crops in India", Indian Journal of Agricultural Economics Vol:43, No:3,julho-setembro

1988 pp 456463.

LIVROS:

67) Baumo, W.J.m. "Economic Theory and Operation Analysis", Prentice Hall of India, New Delhi, 1975.

68) Brown, M., "On the theory and Measurement of Technological Change", Cambridge University press, 1968.

69) C.A.Robertson: An Introduction to agricultural production Economies and Form Management TATA McGraw-Hill Publishing.

70) C.H. Hanumantha Rao, Technological Change and Distribution of gains in Indian Agriculture, The Macmillan Company of India Ltd. New elhi, 1975.

71) Cramer J.W., "Empirical Econometrics", North-Holland, Amsterdão, 1969.

72) DAMODHAR N. GUJARATI: Basic Econometrics (quarta edição) International Students Edition, McGraw-Hill Book Company, 2003.

73) Gurajar, R.K., "Irrigation for Agricultural Modernization", Scientific Publishers, Jodhpur 1987.

74) Hanumantha Rao C.H., "Agricultural Production Function-Costs and Returns in India", Asia Publishing House, Bombaim 1965.

75) Heady Earl, O. e Dillon John, L., "Agricultural Production Functions", Kalyani Publishers Ludhiana 1961.

76) Johnston, Stanley, "The Green Revolution", Hamish Hamilton, Londres, 1971.

77) KEIN. LAWRENCE R., "Pooling of Time Series and Cross-Sectional Samples", An Introduction to Econometrics, prentice-Hall of India Pvt) Ld., New Delhi, 1965, pp. 61-74.

78) KHEM SINGH GILL, A growing Agricultural Economy (Technological Changes, Constraints and Sustainability), Oxfords IBH Publishing Co.Pvt. Ltd.

79) Lawrence R., Klein, "An Introduction to Econometrics", Pretice Hall of India Pvt. Ltd., Nova Deli, 1965.

80) MADAN MOHAN BATRA. Agricultural Production: Prices And Technology, Allied Publishers Pvt. Limited 1978.

81) Mahamad Shafi, Agricultural Productivity And Regional Imbalances (A Case Study of Uttar Pradesh), Concept Publishing Company New Delhi.

82) Murray Brown, on theory and Measurement of Technological Change. Cambridge University Press.

83) NERLOVE, MARC, Dynamics of Supply: Estimation of Farmers' Response to price, The John Hopkins Press, Baltimore, 1958.

84) Niranjan Pant, Productivity And Equality in Irrigation System, Ashish Publishing House, New Delhi.

85) Parthasaradhy G., "Agricultural Development and Small Farmers: A Study of Andhra Pradesh", Vikas Publications Bombay 1971.

86) R.C. Tyagi , Problems and prospects of Sugar Industry in India, Mittal Publication.

87) Robertson, C.H., "Introduction to Agricultural Production Economics and Farm Management", Tata McGraw Hill, Nova Deli, 1971.

88) SADHU E MAHAJAN. Technological Change and Agricultural Development in India, Himalaya Publishing House 1990.

89) Sadhu, A.V., e Mahajan. "Technological Change and Agricultural Development in India", Himalaya Publishing House, Bombaim, Deli, Nagpur, 1985.

90) Salter, W.E.G., "Productivity and Technological Change", Cambridge University Press, 1966.

91) Sen Bandhudas, "The Green Revolution in India: A perspective", Wiley Eastern Pvt. Ltd., Nova Deli 1974.

92) Shashikala Sawant, Supply Behavior in agriculture Himalaya Publishing House.

93) V.M. Dandekhar. "The Indian Economy 1947-1992, Volume 1, Agriculture.

Printed by Books on Demand GmbH, Norderstedt / Germany